编委会

家的老物件，国的新征程

我眼中的70年

杭州西湖博物馆　　编
杭州学军中学

金丽君　主编

浙江大学出版社

图书在版编目（CIP）数据

　　家的老物件，国的新征程 ： 我眼中的70年 /杭州西湖
博物馆,杭州学军中学编;金丽君主编.— 杭州：浙江大学出
版社，2020.11

　　ISBN 978-7-308-20452-1

　　Ⅰ.①家… Ⅱ.①杭… ②杭… ③金… Ⅲ.①生活用具
—中国—通俗读物 ②中国历史—通俗读物 Ⅳ.①TS976.8-
49②K209

　　中国版本图书馆CIP数据核字（2020）第143815号

家的老物件，国的新征程——我眼中的70年

杭州西湖博物馆　杭州学军中学　编　金丽君　主编

策划编辑	陈丽霞　胡志远	
责任编辑	肖　冰　胡志远	
责任校对	秦　瑕　丁佳雯	
装帧设计	林智广告	
出版发行	浙江大学出版社	
	（杭州市天目山路148号　　邮政编码　310007）	
	（网址：http://www.zjupress.com）	
排　版	杭州林智广告有限公司	
印　刷	杭州高腾印务有限公司	
开　本	710mm×1000mm　1/16	
印　张	12.5	
字　数	179 千	
版 印 次	2020年11月第1版　2020年11月第1次印刷	
书　号	ISBN 978-7-308-20452-1	
定　价	68.00元	

老物件的"集结号"

01 起 老物件从家庭到班级

　　2019年3月　杭州学军中学历史教研组以班级为单位，发动同学们收集家中那些反映新中国成立70年来巨大变迁的老物件，将家藏老物件带入历史课课堂，在班级中进行展评。

02 承 老物件从班级到学校

　　2019年3月28日至4月9日　寓意深刻的"新中国·老物件"展览在学军中学西溪校区举办，500多件（套）家藏老物件与其背后的故事共同呈现出一幅家国情怀交织的历史画卷。4月9日，时任浙江省委副书记、省长、省政府党组书记袁家军莅临学军中学，对以史料实证方式来凝聚家国情怀的做法表示高度赞许。

03 转 老物件从学校到社会

　　2019年5月至7月　学军中学与杭州西湖博物馆联合举办"我眼中的70年——学军中学学生家藏老物件展"，家藏老物件面向广大市民公开展示。

04 合 老物件从社会到学校

　　2019年10月　"新中国·老物件"回到学军中学。一场关于老物件故事的演讲比赛，为历时8个月的系列活动画上句号。"新中国·老物件"系列活动将个人、家庭的生活轨迹融入新中国的前进历程，以别具特色的方式献礼新中国70周年华诞。

起 老物件从家庭到班级

学军中学的同学在班级展评会中介绍家藏老物件。

　　2017级、2018级共有13个班级参加展评活动。同学们亲手设计了宣传海报，展示了本班同学家庭的代表性老物件。

老物件从班级到学校

　　2019 年 4 月 9 日，时任浙江省委副书记、省长、省政府党组书记袁家军莅临学军中学参观"新中国·老物件"展览，对以史料实证方式来凝聚家国情怀的做法表示高度赞许。

　　学军中学校长陈萍参观展览。

学军中学历史教研组组长金丽君老师为师生和媒体介绍老物件。

2019年4月1日出版的《都市快报》发表的专题报道。

　　在学军中学西溪校区的"新中国·老物件"展览现场，同学们兴致勃勃地驻足观看、交流讨论。

　　媒体采访正在观展的学军中学同学。

老物件从学校到社会

　　2019年5月17日，杭州西湖博物馆与学军中学联合举办"我眼中的70年——学军中学学生家藏老物件展"开幕仪式，杭州市委宣传部部务会议成员、市文明办副主任康志友，杭州市教育局副局长高宁，杭州市西湖风景名胜区管委会副主任邓兴顺，杭州西湖博物馆馆长潘沧桑，学军中学校长陈萍、副校长杨凯锋、历史教研组组长金丽君，学军中学教师、学生、学生家长代表等出席。

2019年5月17日至7月16日，在杭州西湖博物馆二层展厅，500多件（套）家藏老物件按照主题和时代分门别类展出。

"我眼中的70年——学军中学学生家藏老物件展"现场。

来自学军中学的学生志愿者向观众介绍展品。

2019年7月5日,《浙江教育报》发表了学军中学金丽君老师关于此次馆校合作展览的深度报道——《寻一件祖传旧物,启一段家国记忆》。

2019年7月17日，学军中学历史教研组的老师与同学们一同参与撤展工作。

老物件从社会到学校

2019年10月13日，学军中学举办"新中国·老物件"演讲比赛，参赛同学动情诉说家国情怀。

浙江省教育厅教研室历史教研员、特级教师戴晓萍，杭州西湖博物馆馆长潘沧桑，学军中学党委书记、副校长陈伟浓，副校长张同华、杨凯锋，学生处副主任徐月明等嘉宾、评委为获奖同学颁奖。

　　戴晓萍教研员在致辞中指出，"新中国·老物件"系列活动是学军中学立德树人、培根铸魂的重要成果，是历史教研组走出课堂、延伸教学的重大创新。

　　杨凯锋副校长在致辞中勉励同学们从"新中国·老物件"系列活动中汲取智慧和力量，立志做新时代的追梦人。

新中国，老物件

　　一枚枚军功章、一张张选民证、一本本纪念册折射了新中国70年的峥嵘岁月。新中国成立、抗美援朝、人民代表大会制度确立、恢复高考、改革开放、港澳回归等大事件是一代代中国人难忘的集体记忆，更是这一段发展历程中的深刻印迹。

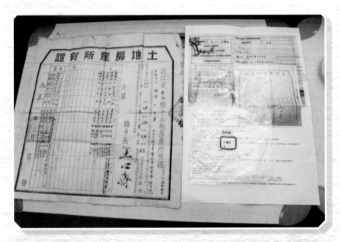

　　2018级1班许馨宸同学太公家的土地房产所有证。这是新中国成立初期国家土地改革运动的见证，很多无地少地的农民分到了土地。收藏于1951年。

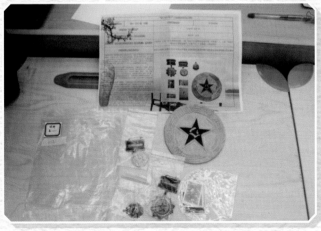

　　2018级1班胡晰同学的爷爷因参加抗美援朝战争获得的纪念章等。老物件折射了抗美援朝、保家卫国的那段峥嵘岁月。收藏于1953年。

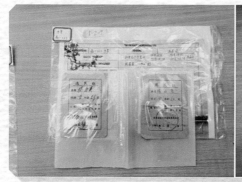

2018 级 2 班方芳同学的太奶奶杨赛英的 4 张选民证。老人家的一张张选民证见证了新中国人民群众当家做主、行使民主政治权利的历史。分别收藏于 1961 年、1963 年、1966 年、1980 年。

2018 级 6 班来一狄同学的爷爷的工作证。来爷爷曾经在萧山县长河人民公社运输队工作，人民公社和凭票购买是新中国计划经济时代的产物。收藏于 1962 年。

2017 级 7 班洪嘉栋同学家藏的 1954 年《中华人民共和国宪法》等老物件。1954 年《中华人民共和国宪法》是中国第一部社会主义类型宪法，是我国民主法治建设的里程碑。收藏于 1954 年。

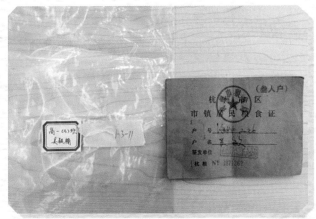

2018级3班吴轶楠同学家藏的市镇居民粮食证。计划经济时代，城镇居民需凭证、凭票购买粮油等生活必需品，粮食证在当时被称为"命根子"，"票证经济"是那个时代的写照。收藏于20世纪60年代。

2018级9班王钰杰同学的爷爷"上山下乡"时使用的麦秆编织扇。那是一个城市有志青年"上山下乡"接受农村再教育的时代，"立志农村"是那个时代响亮的口号。收藏于20世纪70年代。

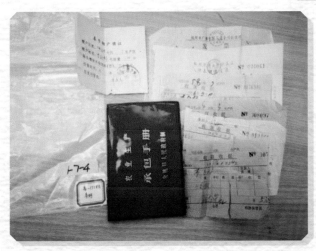

2018级7班李珂同学的太爷爷持有的农业生产承包手册。到1983年，我国绝大多数农村都实行了家庭联产承包责任制，这调动了广大农民的生产积极性，促进了农村生产力的发展。收藏于1983年。

2017级12班届优优同学的外公参加南极科学考察时戴的手表和留念照片。这支科学考察队是我国首次派出的南极科学考察队，他们将五星红旗插在了南极大陆，建成了中国在南极的第一个科学考察站——长城站。收藏于1984年。

2017级11班朱珮俊同学家藏的个体工商业营业执照。这些老物件是活生生的历史，是新时期社会主义市场经济体制改革和义乌人自强不息的创业精神的真实写照。收藏于20世纪80年代。

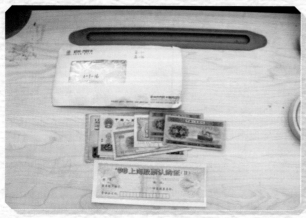

2018级1班蒋心怡同学家藏的上海股票认购证和一些老版人民币。上海股票认购证不仅见证了我国第一代股票投资者的起伏人生，也是我国资本市场改革开放的重要物证。收藏于1993年。

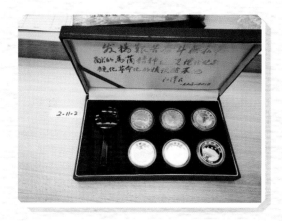

　　2017级11班王一诺同学的长辈的中国核武器试验纪念章。有那么一群人，他们隐姓埋名、默默无闻，为我国的核武器研发和国防建设做出过重大贡献。收藏于1994年。

　　2018级14班金科同学家藏的庆祝香港回归纪念邮册。1997年7月1日，中华人民共和国政府恢复对香港行使主权，这是"一国两制"伟大构想的首次成功实践。收藏于1997年。

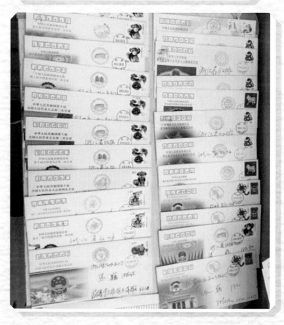

　　2018级9班张睿扬同学的爸爸收藏的政协"首日封"。张爸爸在浙江省政协工作，每年去北京参加全国政协会议的同事们都会给他寄来"首日封"。收藏始于20世纪末。

　　2018级6班温瑞安同学的表姐参加北京奥运会开幕式合唱的照片，上面还有张艺谋导演的签名。北京奥运，举国欢腾，是那一代中学生重要的儿时记忆。收藏于2008年8月8日。

　　2018级14班金科同学家藏的上海世博会集邮珍藏册。"城市，让生活更美好"，那年，在世博会各场馆中，年幼的金科只是看热闹，而今他懂得了那是人类文明成果的交流。收藏于2010年。

　　2018级5班廖嘉禾同学家藏的钱币和邮票集。它汇集了"一带一路"沿线66国的钱币和邮票，是我国新时代外交思想和国家重大发展战略的凝聚。收藏于2018年。

新中国的发展离不开人民的努力奋斗。每个人追逐梦想、上下求索的过程使其人生得以璀璨，也为新中国的建设贡献了力量，实现了人生价值和社会价值的融合统一。

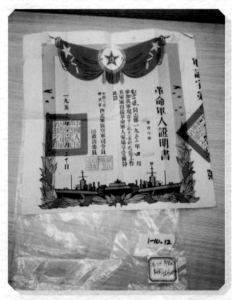

2018 级 10 班郇秉辰同学的爷爷的革命军人证明书。当时郇爷爷在西北军区第三航空总队工作，其家人也作为革命军人家属享受了优待，这是属于军人的荣光。收藏于 1953 年。

2017 级 12 班梁正菲同学的爷爷的小学毕业证书。当时新中国的教育事业才刚刚起步，老物件诉说了那一代人强烈的求知欲望。收藏于 1953 年。

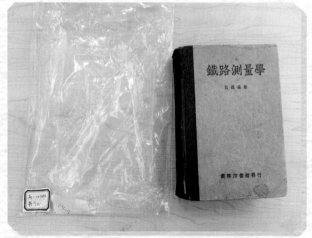

2018 级 4 班蒋可心同学的爷爷使用过的《铁路测量学》。它见证了蒋爷爷为新中国基础设施建设以及铁路事业所付出的努力，也反映了那一代人为国家建设做出的不可磨灭的贡献。收藏于 1953 年。

2017 级 11 班吕骐瑶同学的爷爷收藏的党章。吕爷爷是一名优秀的共产党员，一生甘于奉献，心系群众，并始终严格要求自己以饱满的精神投入社会主义现代化建设。收藏于 20 世纪 50—80 年代。

2018 级 10 班祝浩正同学爷爷的专业技术职务聘任书和《人民教师手册》（陈云题字）。祝爷爷把他的一生献给了教育事业，默默奉献，无怨无悔。收藏于 20 世纪 80 年代。

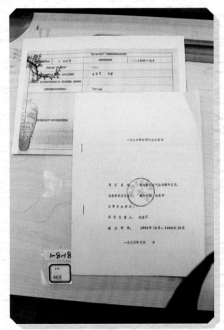

2018 级 8 班徐铭樟同学的外公的科研计划任务书。徐铭樟同学的外公和外婆都毕业于上海交通大学，后来成为陕西咸阳机校的工程师，这份计划书在一定程度上反映了改革开放后的科学研究情况。收藏于 1985 年。

2018 级 9 班阙子昂同学的爷爷的《辞海》，这是阙爷爷 1985 年参加企业经理、厂长全国统考，因成绩优秀获得的奖品。1984 年城市经济体制改革启动，国营企业需要培养一批经济管理骨干，阙爷爷就在其中，《辞海》是他在经济工作一线奋斗的见证。收藏于 1985 年。

2018 级 3 班边涵同学的爸爸的律师资格证书。国家司法考试制度的改革，在推进法治工作队伍专业化、职业化建设中发挥了重要作用，而边爸爸也为考取这一证书付出了很多努力。收藏于 1988 年。

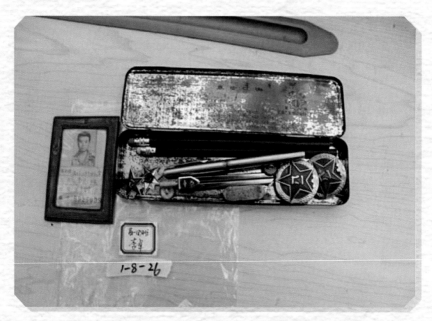

　　2018级8班李卓同学的爸爸在军校时的证件、铅笔盒、帽徽等。在那个年代，当兵是十分光荣的，是很多有志青年的远大理想。收藏于20世纪80年代末。

　　2018级8班楼含同学的太公获得的国务院颁发的老干部离休荣誉证。楼太公参加过淮海战役等重要战役。所谓"离休"，是针对在新中国成立前参加革命的老同志设立的一种较优越的社会保障措施。收藏于1998年。

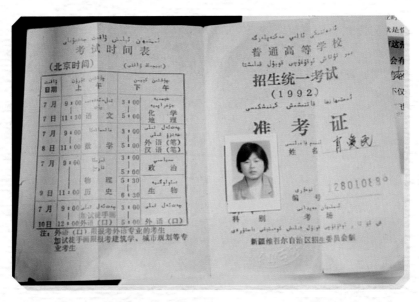

　　2017级11班沈欣悦同学的妈妈的高考准考证（汉维双语）。1992年，沈妈妈从新疆考到了东北师范大学，现为杭州第十五中学的一名英语教师，为教育事业奉献着爱与智慧。收藏于1992年。

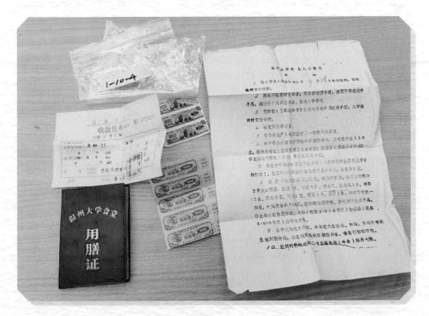

　　2018级10班陈伊诺同学的爸爸到温州大学就读的报到须知和食堂用膳证。20世纪90年代是我国高等教育大发展的重要时期，很多人也因此改变了命运。收藏于20世纪90年代。

历史的发展中伴随着无数个小家庭的生活变迁和观念蜕变。家庭生活的点点滴滴中传承着优良家风，留下了历久弥新的美好回忆，也定格了许多其乐融融的永恒瞬间。

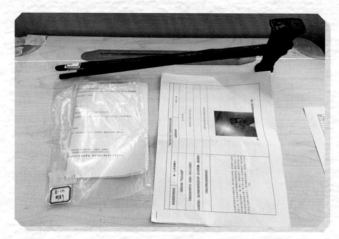

2018级9班周晨宇同学家藏的锤子。锤头正面烙着家族姓氏"周"字，反面则为"兴利"二字，诉说了周氏家族祈求更多收获的美好愿望和对幸福生活的向往。收藏于新中国成立初期。

2018级4班张栩榕同学的曾祖母的嫁妆：一把锡质酒壶。这把壶用了几十年，装点了他们的生活，也见证了这个温暖的家庭很多温馨场面。收藏于新中国成立初期。

2017级12班褚思齐同学的太公、外公传下来的钟表修理箱。三大改造时，太公用它养活了一家人；改革开放后，外公用它打造出了全镇最早的万元户，它见证了一个家族的奋斗史。收藏于1956年。

2017级10班万朗雯同学的爷爷的卖屋文契。白纸黑字，郑重庄严，时至今日还能从字里行间感受到当时民间交易中的契约精神。收藏于1965年。

2018级2班陈鸿怡同学的爷爷"上山下乡"时买的一块镶有钻石的手表。它陪伴陈爷爷收获了"先进公社"的荣誉，收获了爱情，收获了成长，见证了那一代人艰苦奋斗的品格。收藏于1968年。

25

2018级7班茹祎同学家藏的三个熨斗。熨斗"三兄弟"的形态演变是技术不断进步的结果。它们是优良家风和亲情不断传递的见证。分别收藏于20世纪60、80、90年代。

2018级2班戴知言同学的爷爷、奶奶用过的收音机。上海产的红灯牌收音机曾是全国的明星产品，在信息交流还不算便捷的年代，它给很多家庭带来了信息和乐趣。收藏于1978年。

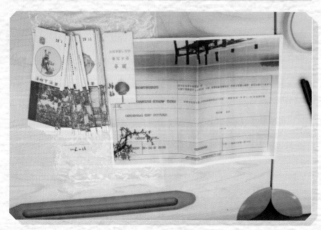

2018级5班谢天清同学家藏的《清明上河图》火花。它曾荣获全国十佳火花评选第一名。现在火柴逐渐淡出了人们的视野，但它曾为夜晚带来光亮，为生活带来缕缕炊烟。收藏于1981年。

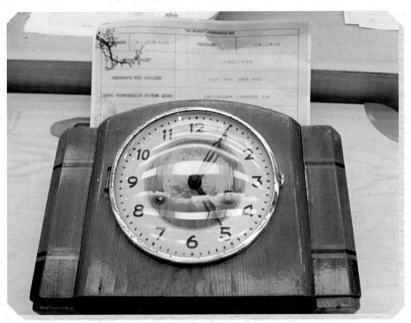

　　2018级1班许哲铭同学的爷爷、奶奶用过的上海555牌时钟，至今仍可正常使用。光阴流逝，岁月不居，不变的是中国人执着守候的情怀。收藏于20世纪80年代初。

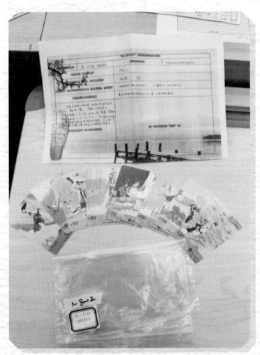

　　2018级8班姚佳怡同学的爸爸使用过的电话卡。电话卡上的图案为《白蛇传》《梁祝》等传说故事。收藏于20世纪90年代。

　　2018级1班徐止境同学的爸爸用过的"大哥大"和摩托罗拉"BP机"。"大哥大""BP机"曾经是人们日常生活中重要的移动通信工具。收藏于20世纪90年代。

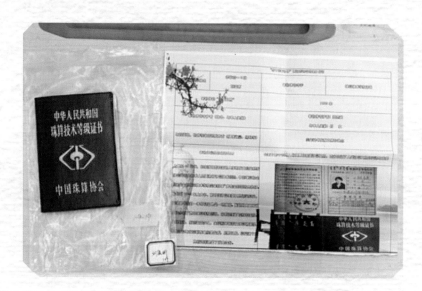

　　2018级9班刘奕昕同学的妈妈获得的珠算技术等级证书。在计算机已经普及的今天，珠算已不再普遍使用，但算盘和珠算技术仍是中国传统文化的优秀代表。收藏于20世纪90年代。

新中国的70年历程波澜壮阔，每个人都好像这个大时代中的一滴水，世间的亲情、爱情在光阴流逝中渐渐升华，上演一场场感人至深的真情告白。

2017级11班翁心悦同学家藏的一对镜子。这对镜子由她的外婆传给妈妈，传递了浓浓的亲情，寄托了对美好生活的无限热爱。收藏于1963年。

2017级11班孙洁怡同学的太婆用过的暖手炉。这个老物件由她的太婆传给外婆再传给妈妈，把家族的温暖一代代传递，孙同学也打算很好地把它守护和传递下去。收藏于20世纪50年代。

　　2018级7班刘道宸同学的外公、外婆的结婚证。"从前书信很慢，车马很远，一生只够爱一个人"，时代在变，但美好的爱仍温暖如初。收藏于1968年。

　　2017级10班王璐同学家藏的字典。该字典由杭州大学教授和学军中学语文组等一起编写。多年来，学军中学致力于为教育文化事业做贡献，不断地为社会培养品学兼优、社会责任感强的未来领军人才。收藏于1973年。

　　2018级8班胡涵智同学家藏的手工布鞋，是他的太婆为妈妈所做的。那时，农村生活条件艰苦，但穿上一双满载亲情的手工布鞋，内心却是踏实的。收藏于20世纪70年代末。

2018 级 9 班汪程琳同学的曾叔公从台湾寄来的家书。收藏于 20 世纪 80 年代初。

2018 级 9 班邵禾毓同学的爸爸收藏的故宫、颐和园等历史文化遗产的游览门票。我国众多的文化瑰宝不仅缤纷了人们的生活，也提升了人们的文化自信。收藏于 20 世纪 80—90 年代。

　　2018 级 3 班季从容同学家藏的杭州大学明信片。她的父母相识于杭州大学中文系，这套明信片记录了当时杭州大学校园的美景。收藏于 1991 年。

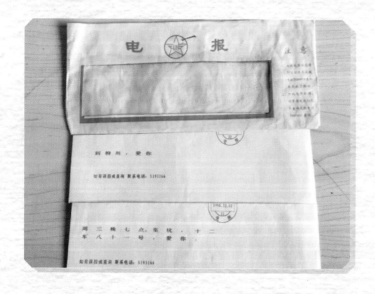

　　2018 级 9 班史雨晴同学的父母互发的甜蜜电报。"到柳州，爱你""周三晚七点至杭，十二车八十一号，爱你"，纸短情长，那段真挚的父母爱情跃然纸上。收藏于 1998 年。

序　言

朱可◎杭州市基础教育研究室主任

教育不仅仅是传递知识、育人的主要手段，它还应该具有人伦教化、文化传承、社会整合等非功利价值——只传授知识的教育是无趣的，只局限于课堂的教育是狭隘的。因此，"把课堂延伸出来，教室里是课堂，竞技场上也是课堂，走进社会，更是课堂"。杭州学军中学师生们的回应，真正体现了教育的真谛。

英国哲学家培根说过："读史使人明智。"然而，历史教学方法的机械单一，历史思维的僵化呆板，造成历史教育被人为淡化，历史作用被误读曲解，历史学习变得枯燥乏味——读史若只有无趣、痛苦，谈何"明智"。作为一门人文学科，历史学科教育的目标之一是促进学生汲取有利于自身社会性发展的知识与能力，使其能更科学地判断各种文化和社会的价值观，不断提升自我。基于这样的认识，学军中学历史教研组为拓展学生学习历史、探究历史的方法和途径，进一步激发学生学习历史、感知历史的热情，提高学生的历史思维能力，落实历史学科核心素养，发起了以"新中国·老物件"为主题的研学活动，力求使学生从家藏老物件中，感受时代变迁和人们思想观念的变化，传承家国情怀。

学生的心声很好地诠释了这个活动的价值。"历史不只是一面反射往昔的镜子，更是一支指引我们走向未来的火炬。老物件不仅让我们寻找到了精神之根，还为我们铺就了通向未来的阳关大道。"（《历史的火炬》）"历史不仅仅呈现在书本上，还体现在我们这些小小的物品中。每个人点点滴滴的生活小事，拼成了波澜壮阔的历史画卷。我们和你们都是历史的回望者，也是历史的见证者，更是历史的书写者、创造者。"(《一封来自熨斗家族的信》)

2019年5月17日至7月16日，杭州西湖博物馆和学军中学携手举办了"我眼中的70年——学军中学学生家藏老物件展"。在馆校双方的引导下，学生不仅是展品的提供者，也是展览过程的参与者，更是展品历史价值的发掘者、家国情怀的传承者。历时2个月的博物馆展览，凝结了探索历史学科核心素养落地途径的学军经验，为来自各地的观众提供了考察新中国70年辉煌历程的独特视角，实现了家庭教育、学校教育和博物馆教育的完美融合。

体验是历史教学的一种重要方法与途径，有助于促进历史学科的深度学习，学军中学历史教研组组长金丽君老师如是说："馆校共建，博物馆资源与历史课堂教学的紧密结合，使有温度(感情)、有深度(思想)、有体验(审美和游戏)的深度学习成为学生向往和热心的事情，知识和经验在此得到提升，家国情怀得到无声渗透，馆校合作的意义和价值在此彰显。"

老物件的故事通过媒体的传播走进了千家万户，引起了极大的社会反响。更重要的是，通过学校、博物馆开展的一系列生动有趣的探索和实践，通过学生对身边历史的发现和理性解读，这些老物件已经真正地"活起来"，历史的学习因它们而更生动，历史的呈现也因它们而更精彩——小物件成为反映大时代变迁的大窗口，成为祖国跨越式发展的折射镜。如此读史、学史，必能使人明智，是为序。

第三章　物传精神，引发积极反响

第一章

馆校合作，凝聚家国情怀

馆校共建，合作创新

积极发挥爱国主义教育基地的作用

施佳◎杭州西湖博物馆陈列展览部副主任

2003年9月27日，时任浙江省委书记习近平同志在考察杭州西湖综合保护工程时曾建议，在杭州建一个西湖博物馆，把有关西湖的东西集中起来展示，使杭州增加一个游览的去处，让游客能在最短的时间内，最大限度地获得有关西湖的知识。2005年杭州西湖博物馆应运而生。十余年来，博物馆依托世界文化景观遗产西湖，积极开展丰富多样的教育实践活动，不断提高展览水平，牢抓教育活动质量，持续与杭城多所学校建立长期合作关系，实现学校教育与博物馆资源共享，为学生的素质教育提供别样的舞台，在文化传承和青少年思想道德建设方面取得了良好的成效，得到了学校和社会的广泛认可，被授予浙江省爱国主义教育基地、杭州市青少年"第二课堂"活动先进基地等荣誉称号。

2015年，为切实加强全市中小学校与第二课堂场馆间的教育联系，杭州市未成年人思想道德建设暨青少年学生第二课堂领导小组办公室颁布了《杭州市第二课堂场馆德育副馆长管理暂行办法（试行）》的通知，在全市第二课堂场馆中推行兼职副馆长制度。杭州西湖博物馆积极响应，第一时间与共建名单上的学军中学、翠苑第一小学、大成实验学校洽谈共建事宜。2017年，为进一步整合博物馆与学校的教育资源，加强场馆与学校间的沟通协作，发挥各自优势助力青少年思想道德建设，打造德育阵地建设"杭州模式"，我们与学军中学签订了共建德育基地的协议，并聘请校方德育副校长为第二课堂基地的德育副馆长，制定《杭州西湖博物馆德育副馆长制度》。一方面，博物馆根据学生的兴趣爱好，定期有针对性地为学生提供相应的互动服务项目，为"西湖学"研究课程提供培训、实践场地；另一方面，校方及时关心第二课堂基地德育建设活动，了解博物馆的动态信息，积极为双方更有效地开展特色活动出谋划策，寻找最佳育人途径，创建良好的育人环境。

自此，杭州西湖博物馆与学军中学的馆校共建工作一直稳步推进，博物馆利用场馆资源积极策划丰富多彩的学生教育活动，借助平台优势协助学校举办展览，同时为学生提供假期实习和培训机会；学军中学的德育副校长担纲博物馆德育副馆长，参与场馆的素质教育策划；学生踊跃参加场馆的志愿服务和体验活动（如"西湖明信片大赛"等）并获佳绩。2018年馆校合作举办"壮阔钱江潮·奋进新时代——杭州学军中学改革开放40周年摄影展"，实现了发挥馆校各自优势、助力青少年思想道德建设的目标。

2019年，祖国迎来70华诞。70年来，新中国经历了初建的困难时期和改革开放的浪潮，实现了中国历史上最广泛最深刻的社会变革，社会主义现代化建设取得了举世瞩目的伟大成就。作为爱国主义教育基地，在这别具意义的一年，杭州西湖博物馆如何把握时机，发挥爱国主义教育基地的影响作用？如何向青少年学生传播爱国主义思想，培育和践行社会主义核心价值观，进一步推动精神文明建设？面对这些问题，杭州西湖博物馆的想法再一次与学军中学不谋而合。

2019年5月17日，"我眼中的70年——学军中学学生家藏老物件展"在杭州西湖博物馆推出，展览由杭州西湖博物馆与学军中学联合举办，展出的500多件（套）家藏老物件，都是由学军中学西溪校区高一、高二的同学们从家里找到的"传家宝"，这许许多多的老物件串起了新中国70年发展的轨迹，用家藏老物件的传承，展现祖国伟大的社会变革和百姓生活翻天覆地的变化。

这次馆校合作办展，意义不同以往，不再是简单的单线合作，即博物馆提供展览场地，学校自主策展的单一模式，而是进一步深入合作，达到"你中有我，我中有你"的更深层次的合作境界，为深化青少年德育共建迈出了创新的一步——这或许提供了馆校间德育共建，发挥爱国主义教育基地作用的一种新思路。

一是馆方提供场地和布展服务，校方提供展品及资料，发挥各自的能力和优势，成功举办了这次展览。博物馆二楼临时展厅面积800余平方米，十余年来举办过大大小小的临时展览100余场，其中不乏精品展览。虽然本次展览也在学军中学的校区举办过巡回展览，但博物馆是向广大市民开放的，直接面向社会，这对学校以及学生来说，是一种完全不同的体验，师生们必然会以更严谨的态度来面对此次展览。在展品的登记、包装、运输、交接、策展、布展、撤展方面，都有博物馆专业工作人员按照对待文物的标准来进行一系列的指导工作。在某些环节，博物馆也邀请学校老师、学生积极参与、协作配合，比如布展撤展环节，在多位老师和学生的配合下效率大大提高，学生们在博物馆工作人员的分工指导下，也充分了解、体验了展陈人员的工作内容和职责，是一次真正意义上的社会实践；而校方也在展览前期做了大量的准备工作，光是展品征集就煞费苦心，500多件（套）展品在展厅里放不下，后来特别增加了4个大型四面通柜才勉强放完，连博物馆布展工作人员都直呼从未在此摆放过那么多件展品。展柜背景墙上的文字、照片等资料，均由师生们完成。丰富的文字和图片介绍了相关历史时期的重大事件以及一件件展品背后的故事，为展品的展示做了铺垫，突显了展品在这段历史时期的特殊含义。

二是沉浸式德育体验活动充分锻炼了学生各方面的能力。高中生正处于人生的起飞阶段，生理趋向成熟，精力也特别充沛。在认知方面，他们注重逻辑思维，对所学内容和周围事物，会进行独立的判断。他们主动追寻社会文化，喜欢参加新鲜而富有兴奋性、刺激性的活动。他们参加学习活动，往往有比较明确、具体的学习目的和学习内容，对所学的内容有较高要求，不喜欢枯燥、填鸭式的教育方式，希望德育活动有新鲜感，内容有一定的深度和哲理性，能充分调动他们的探索精神，能引导他们进行探讨、分析。这次展览的展品大部分是由学生收集的，这样就让德育建设的主体实实在在地参与到活动中来，而不是像以往，学生只是走马观花般地参观一下展览，或是参加一项活动，参与度低，难以发挥其主观能动性。这次的馆校德育合作注重活动的系统性、长效性，让学生充分参与，并真正成为德育建设的主体，实实在在地参与活动。展览之前，馆校双方共同商议展览主题，明确主题后，校方牵头展品的收集活动，历史教研组发挥教学特长，主要面向高一、高二学生征集家藏老物件。高中生已经有较丰富的历史知识，再加上这些老物件与学生家庭成员的关系较密切，学生的参与热情很高，愿意主动参与活动。学生翻箱倒柜，倒腾出不少祖传的老物件，"站洋"币、铜钱、镜子、粮票、老照片、手表……各种各样。在收集老物件前，他们需要研究展览的主题以及相关历史背景，还需要进一步了解老物件背后的故事，从而用物来印证这段历史。另一方面，校方发动学生参与活动的策划、组织过程，锻炼了学生组织大型活动的能力，同时也让学生了解了文物展览活动的方案及流程。学生还积极为市民现场讲解老物件背后的故事，提高了表达能力，锻炼了胆量，展示了风采。展览期间，学生作为志愿者自发组织展览配套活动：策划活动、撰写文案、组织动员同学积极参与到活动中来。

三是价值观教育重在知信行统一。解决知不知，容易；解决信不信，难；解决知而信，知信行合一，尤其难。而这次馆校合作展提供了一次知信行统一的实践机会。《五四宪法》、"两弹一星"纪念章、抗美援朝纪念章、立功证明书、"和平万岁"章、"站洋"币、南极科学考察照片、媒婆的提篮、见证父母爱情的电报、清朝时期的钱币、"上山下乡"时期买的手表、1973年学军中学参与编写的《汉语常用字典》……这些承载着历史记忆的老物件，以身边的日常，串起新中国70年发展的轨迹，展现出伟大的社会变革和百姓生活翻天覆地的变化。寻找老物件的过程成为学生们聆听长辈故事并增进亲情的好机会，进而使他们更深切地体会到新中国成立70年来，大到国家，小到家庭各方面发生的巨大变化。从民国时期的钟表修理箱里，褚同学感受到了外公的创业精神；从"最高指示"卡片里，李同学感受到了爷爷的家国情怀；从20世纪90年代初的两封电报里，史同学感受到了父母甜蜜的爱情……他们都是十七八岁的学生，通过这次展览，通过与历史"亲密接触"，他们"穿越"到了那段峥嵘岁月，切切实实地感受祖辈、父辈的命运起伏。难怪有学生说，此次寻找老物件的过程让她惊奇地发现，历史这个很宏大的学科突然被凝聚在一个很微观的物品上，家里的一个小小老物件就能把一系列历史进程串联起来，这真的是一种非常奇妙的体验。历史书上的一页可以概括十年的历史，但是当你深入挖掘，发现自己和这十年的联系时，历史顿时变得立体可感了。

"我眼中的70年——学军中学学生家藏老物件展"明显提高了学生的参与度，使他们把书本上的知识与历史、现实有机结合起来，达到了非常好的效果。我们认为可以基于这样的形式，探索发挥爱国主义教育基地作用的新思路。

首先，爱国主义教育基地的建设，丰富了学校德育的内容。基地就在学生身边，学生们通过参与展览、观看实物等看得见、摸得着、具体生动、感染力浓厚的丰富多彩的教育活动，容易形成"从知我家乡到爱我家乡，从热爱家乡到热爱祖国"的情感变化，从而强化其振兴中华、报效祖国的志向。

其次，爱国主义教育基地的建设，有力地拓展了学校德育工作的渠道。青少年学生是生活在社会环境中的，如何运用社会的各种力量，促进对学生的教育，是教育工作者应时刻关注的问题。发挥德育基地在青少年学生教育中的优势，无疑拓展了学校德育的渠道。

再次，爱国主义教育基地的建设，有利于促进社会舆论的正确导向。德育基地开展的各类有利于在校学生成长的教育活动，注意把社会效益放在第一位，形成基地和学校共建精神文明、共同培养"新人"的局面，对社会舆论有着强烈的正面导向作用。

　　博物馆等公益文化单位要充分利用自身优势，创新爱国主义教育方式和途径，利用我国改革发展的伟大成就、重大历史事件纪念活动来增强青少年学生的爱国主义情怀和意识，积极配合学校，有效开展课堂内外、线上线下各类平台载体的爱国主义教育引导，创造浓郁的文化氛围，生动传播爱国主义精神，探索建立馆校共建育人的长效机制，深化爱国主义教育研究和爱国主义精神阐释，不断丰富教育内容、创新教育载体、增强教育效果。

小视角，大叙事

"我眼中的70年——学军中学学生家藏老物件展"策展小记

陈亚娜◎杭州西湖博物馆陈列展览部文博副研究员

风雨砥砺，岁月如歌，2019年是新中国成立70周年，举国上下采用了多种方式共同庆祝。普天同庆之时，博物馆人也在思索用何种方式积极参与。展览是博物馆面向观众最直接的叙述语言，因此，策划有内容、有内涵、有创意的展览成为大家共同的选择。

像中国国家博物馆这样重量级、资源广的博物馆策划了"屹立东方——馆藏经典美术作品展"，以自身丰厚的馆藏全景式地展示中国革命的不凡历程。像上海博物馆这样身处国际大都市又倾向艺术博物馆建设的博物馆推出了"花满申城——上海博物馆少数民族工艺馆新陈列"展览，联合多家少数民族博物馆，用多民族融合创造的成果，呈现新中国民族团结、欣欣向荣的景象，视角独特。再到我们浙江，浙江省博物馆推出了"红旗漫卷钱江——纪念浙江解放70周年"展览，联合省内几家革命文物较丰富的博物馆、纪念馆，用丰富的革命文物再现浙江的革命历史。

这些不同的博物馆规模、特点等各有不同，推出的展览也各具特色，从不同角度展示了新中国的发展历程，有许多值得我们借鉴和思考的内容。杭州西湖博物馆是中国第一个湖泊类专题博物馆，作为一个专题博物馆，我们又要怎样独辟蹊径，寻找一个适当的切入点来策划向新中国献礼的展览呢？

此时，我们获悉学军中学正在举办以"新中国·老物件"为主题的系列活动。学军中学一直以来是杭州西湖博物馆的馆校深度共建合作单位。老师组织学生寻找家藏老物件，学生在寻找家藏老物件的过程中，一段段饱含祖辈、父辈家国记忆的历史被重温，家里那些貌不惊人的老物件因为定格了某些历史的瞬间，被赋予了别样的光辉。从最初的被动寻找，到后来的主动探究，新中国的历史在孩子们心里鲜活起来。

听到这个消息，看到那些被收集起来的精彩纷呈的老物件，我们顿时觉得眼前一亮。这太有意义了！这不正是我们在苦苦寻找的带有温度的展品吗？学生寻找家藏老物件的过程，是一个探寻家族历史的过程，也是一个把历史书上的文字转化为活生生的生活场景的过程，更是一个传承红色基因的过程。家国的荣誉感、自豪感凝结在这些老物件中，变得更加真实。一件件看似普通的老物件，带着生活的温度，镌刻着岁月痕迹，跳动着历史脉搏，附着着情感与记忆，凝聚着浓浓的家国情怀。而我们，就是要通过展览，把这些生活小物中的大历史、大感动，分享给更多的人。

主题内容找到了，困难接踵而来。学生们收集的物件非常丰富，从一枚钱币到一口自鸣钟，从一枚军功章到一套邮票，展品数量成百上千，材质各异，大小不同，时间跨度很大，也不像博物馆藏品那样系统、有序。按什么线索展示，如何展示，成了我们策展人亟须解决的问题。

我们耐心梳理了所有的展品，对它们进行登记和归纳整理。令人惊喜的是，庞杂的老物件经过梳理，竟然几乎可以完整地对应我们新中国发展的时间脉络，也就是说，新中国发展的每一步，切切实实地投射了我们百姓的日常生活中。从土地改革到家庭联产承包责任制的相关物件，从"两弹一星"纪念章到G20杭州峰会的相关资料，从一个小小的军用水壶到iPhone，个人生活中的点点滴滴，与国家的发展息息相关。

在与设计人员的交流碰撞中，我们逐渐设计出两套展览方案：一是以时间线索为序，把新中国发展史上的重要时间点用老物件一一对应，以老物件体现这些重要历史事件对百姓的影响；二是对展品进行分类，以板块的形式展示这些老物件背后的家国故事。

最后，经过进一步的深入思考，结合展品的特点和展览的可操作性，我们综合了两套方案，主体以时间为轴，以百姓日常生活视角展示新中国的发展历程。内部又特别策划了票证年代、方寸间的70年、人民币上的历史三个小板块，把比较系统的展品集中展示。

部分学生还为自己家庭的老物件写了详细的来龙去脉，这些稚嫩的笔迹为展品赋予了更多的生气，我们把它们和展品放在一起展出，孩子们似乎是用自己的文字再次诠释了历史。

展览推出后，不仅引起学生和家长们深深的共鸣，也因其中浓浓的家国情怀、生活气息吸引了众多市民前来参观。学生家藏的这些老物件，为我们讲述了过去的故事，这里有你我，有家庭，有几代人，更有共同的家国记忆。国家发展的历史脉络，由普通民众生活的点点滴滴汇聚而成，平民的小生活里有着家国的大叙事。如果能从这个展览里体现出这些，我们的策展也可以说实现了初心。

馆校共建有效践行

记"我眼中的70年——学军中学学生家藏老物件展"

乐平◎杭州西湖博物馆陈列展览部文博馆员

　　教育是博物馆的首要职能。青少年是祖国的未来，是博物馆教育的重要对象。随着社会进步和文化发展，单靠一个馆、一个部门的力量难以满足受众多样化的需求。最新颁布的《中华人民共和国公共文化服务保障法》第十条规定："国家鼓励和支持公共文化服务与学校教育相结合，充分发挥公共文化服务的社会功能，提高青少年思想道德和科学文化素质。"这就意味着博物馆应不断扩展合作渠道，使社会团体、社区、学校成为博物馆教育的合作对象。馆校共建，将两种看似分属不同体系的教育整合在一起，既优势互补，又互利共赢。

　　杭州西湖博物馆的馆校共建工作一直稳步推进，先后与50多家学校建立共建关系，其中学军中学为深度合作单位。作为青少年感知历史、认识现在、探索未来的"文化殿堂"，杭州西湖博物馆凝聚着文化遗产的精华，叙述着历史发展的进程，展现着人类的文明和智慧，具有独特的教育资源优势。杭州西湖博物馆一般以西湖文化讲座、西湖微课堂、校本课程、"走近西湖"乡土文化科教片等"流动博物馆"形式进校园，而联合办展则是基于充分发挥博物馆场地优势的新形式深度合作。2019年5月，以庆祝新中国成立70周年为契机，杭州西湖博物馆携手学军中学推出"我眼中的70年——学军中学学生家藏老物件展"。2019年3月，学军中学就开始面向高一、高二的学生征集家中具有年代感的老物件。"站洋"币、铜钱、粮票、老照片……这些学生们翻箱倒柜倒腾出的祖传老物件，既凝聚了生活，又承载了历史，为我们讲述着过去70年里的故事，是中国人民伴随新中国一起探索、成长的佐证。它们走进了博物馆，为展览提供了丰富的实物资源。展览通过史料实证的方式，鲜明地体现了历史学科教学特色，不仅是博物馆青少年教育与学校教育的有机衔接，更是学校、家庭、博物馆多位一体教育模式的实践。

此次合作将两家有着深厚文化积淀的单位有机衔接，是博物馆馆校共建的有效践行。杭州西湖博物馆充分发挥自身优势，拓展学校教育资源，使博物馆资源与课堂教学、综合实践活动有机结合，构建具有均等性、广覆盖性的长效机制，促进博物馆教育资源向青少年公共文化教育资源有效转化，充分发挥爱国主义教育基地对未成年人的教育作用，对于培养知识全面、善于探索、勇于创新的高素质接班人有着重要作用。

有温度的展览影像全纪录

"我眼中的70年——学军中学学生家藏老物件展"拍摄制作心得

来江◎杭州西湖博物馆陈列展览部文博馆员

  2019年7月17日，正值暑假，也是"我眼中的70年——学军中学学生家藏老物件展"结束的第二天，学军中学的师生们来到杭州西湖博物馆，亲手将一份份珍贵的展品撤出展柜，保存起来。师生们挂上布展证，穿上一次性鞋套，小心翼翼地进入展柜，将展品一一对应放回收纳盒，笑容洋溢地在镜头前表达对祖国的美好祝愿。展览以老物件为媒介，由学生自我勾勒出一个由"我、我的家、我的国"组成的同心圆；以史料实证的方式，凝聚家国情怀，诉说家风国运，在新中国成立70周年之际，努力培养学生的爱国主义情感。为配合此次展览活动，杭州西湖博物馆也特别请来了专业摄制团队，用镜头记录下师生们走进博物馆，变身"策展人"的过程，本人作为拍摄制作工作的全程参与者，在此分享一些心得。

  博物馆是历史文化传播和全民素质教育的重要基地，是重要的信息传播场所，拥有极为丰富的资源。馆内丰富的文物和鲜明的文化特色使之具备打造优质展览影像全纪录的独特优势。作为博物馆工作者，应深刻认识到陈列展览工作不仅需要专业技术知识，而且还需更多地了解博物馆观众的体验。在此次展览的过程中，学军中学的师生们既是观众，也是"策展人"，应充分利用好这一创新点，在陈列展览物件的同时，做好视频影像的记录工作，来充实和丰富展览的内容，从多个不同视角诠释展览，以新方式向社会推出精彩纷呈、有温度的展览影像全纪录。

一、前期策划

　　展览纪录类视频的成片时长相对较短，预想时长以3～5分钟为宜，虽然短小且相对简单，但要在短时间内策划、拍摄制作一部内容精良、角度完备的片子其实不是一件容易的事情。我们从接到拍摄任务到实行正式拍摄仅有两天的时间，需要去组织、协调和具体执行各方面大量的工作，包括组建创作团队、分工协作、制定拍摄目标和视频风格、完成各项制作流程，还包括编写脚本、协调拍摄过程中的各种问题、编辑视频资料等具体细节问题。只有把宏观、微观每一个角度都考虑周全，并具体落实每一步，才有可能制作出符合要求的展览纪录类视频。这既需要博物馆陈列展览部门的工作人员来综合协调，也需要聘请专业制作人员进行把控，更需要学军中学的师生们齐心协力，各司其职、各负其责而又相互配合、密切协作。所以在当天正式拍摄开始之前，我们先集合了所有参与展览筹备工作的师生和工作人员，沟通拍摄方案——

　　1.内容方面。收集开幕式的影像资料、展板设计图稿，拍摄展览现场，包括展厅的全景以及展品的特写。

2.人员方面。安排老师、学生代表作为被访者，介绍整个展览的背景和其在参与过程中的感受。从出镜对象的选择到采访问题的设计均进行前期沟通，以保障拍摄顺利进行。

3.摄制团队方面。因撤展活动当天师生们是分组工作的，所以前期需单独安排时间拍摄展览现场和相关重点展品。在这个过程中，首先，要让摄像师提前了解所要拍摄的展览的背景和内容等知识，从而做到从全局上把握整个展览，从大的场景到小的物品、人物等细节都要心中有数。其次，要不断移动，寻找好的角度和位置，来更好地呈现展出物件的内涵，例如从低角度或者高机位拍摄。最后，要拍摄展览现场的全景和展品特写，全景可以表现整个展览的策展思路和风格意义，展品特写可以呈现物件的细节特征。

二、中期拍摄

在拍摄过程中，导演、摄像师之间应当保持沟通，根据视频脚本，结合实景，拍摄所需镜头。此时，摄像师成为拍摄的关键人物，他拍摄的每个镜头的质量关系着整个视频质量的好坏。有些镜头需要师生重复配合多次，可能一个拿取物件的动作就要重复拍摄四五遍，展柜里空间狭小，师生行动时要小心翼翼。大家为了良好的画面效果，克服困难，特别努力地配合拍摄。

要想达到预期的效果，准确地传达信息，不仅仅需要拍摄现场环境，还需要安排参与者发声，让师生代表出镜接受采访，这其中可能遇到的困难主要是被访者容易紧张。开拍前，我们与被访者进行了沟通，并在现场营造轻松愉悦的采访氛围。而采访中的重点是，不要让被访者背诵答案。许多采访会因为被访者紧张无思路而受阻，我们在采访前和师生代表探讨回答的内容，以避免其照章背诵影响发挥，失去内容出彩的机会。如果被访者紧张地回忆每字每句，那么在表达上就更容易断断续续，眼神也会不自然。接受采访的师生代表回答完一个问题，我便会很自然地说一句"说得非常好"，很多被访者受到鼓励后增强了自信心，有助于下一个问题的回答。师生们面对镜头真情实感的表达，就是对新中国成立70周年最好的献礼。

三、后期制作

拍摄完成后就进入了细致的后期剪辑环节。在开始剪辑前，必须先和剪辑师沟通好方案，反复观看前期在博物馆拍摄的素材，没有好的原始素材就不能编辑出优秀的片子。音效素材、音乐素材、视频、影视资料素材越多越好。一般片子素材与成片比值要达到1∶3～1∶5，优秀的纪录片甚至可以达到1∶20～1∶30，也就是说，从20～30个镜头中选用一个镜头，从而选取最佳的镜头进行组合搭配，同时反复回看出镜师生代表们的采访内容，筛选出有效部分，使主题、内容、形式、结构达到有机统一，比如展厅的环境、开幕式现场的照片、展品物件的镜头等。运用配音、配乐，使片子更加富有节奏感。在片子的最后，我们还结合展板的精选内容，做了动态效果的展示。

　　随着5G时代的到来，视频影像已成为传播过程中最重要的媒体形式。展览影像全纪录是博物馆面向"新公众"的重要宣传途径之一，借助视频的传播，可以更好地向观众展示展览背后的方方面面，从而吸引更多人的关注和参与，更好地发挥博物馆职能，打造出更有温度、有态度的展览。

我的回望："老物件"二三事

金丽君◎杭州学军中学历史教研组组长

有人说尘世间所有的遇见，都是在不经意间，而我们的初见，却"蓄谋已久"。也许，初见有着千百种浪漫，而我们则经过了多次会议的反复讨论，在忐忑和不安中开始……

初见："蓄谋已久"

那是2019年农历的正月十四，开学第一天。

在杭州市文三路188号学军中学行政楼三楼的历史教研组办公室里，9名历史教师已经达成共识：要在新中国成立70周年的重大节点上，用历史学科特有的史料实证方式，上一堂培育爱国主义、家国情怀的"思政课"——以学生高度参与的一个展览来致敬新中国成立70周年。

然而，除了9个人的18只手，展品在哪里？展览设在哪里？资金从哪里来？除此，大家心里还有些许担忧：这么"正"的主题，学生能走心吗？

而且，怎样的展品才能"撬动"学生的内心？多年的教学经验告诉我们：情感的意义和价值在于内心的体悟和认同，需要找准一个点有效触发学生的家国情怀，让学生把历史知识与自己的现实生活结合起来。

运用学生家里的老物件！由年轻教师提出的好主意被一致通过。亲情是学生与"老物件"之间的情感共鸣点，就让学生以自己可见、可感、可触的方式，去感悟自身与家国的关系——国家富强、民族振兴来自人民奋斗，国家富强、民族振兴的最终落脚点是人民幸福。

展览设在哪里呢？家庭、课堂、校园！因为这个活动的主体和受教育的对象，就是每一个家庭的传人，是学校的学生啊！

而最令人兴奋的是，除了大家的智力和体力，展览活动并不需要太多花费！

"给我们的展览活动取个名字吧！"

一语惊醒，我们美好的展览，就像我们的一个孩子，该给你一个怎样的名字？

相遇：跨越时空的问候

就叫"新中国·老物件"吧？新中国与老物件形成对比，平实质朴又有深刻内涵。

最后，学校决定与杭州西湖博物馆联合办展，为了指向更为明确，后正式命名为"我眼中的70年——学军中学学生家藏老物件展"。

这是一场跨越时空的相遇，也是一次跨越时空的问候。

原本被静置在家庭角落或箱底的祖辈、父辈的老物件，被郑重地请出来，让孩子的今天与长辈的过去相遇。他们静静坐下，听长辈们讲述着不为他们所知的岁月里的故事。

探寻那些反映新中国发展历程的老物件背后的故事，既是史料鉴别与学科知识能力的运用，更是亲情交流、家风传承的契机。

课堂上，学生以家庭老物件守护人的身份，向同学和老师介绍老物件的故事——这是一个家族后生跨越时空对长辈的一次问候。

故事，是家的故事，也是国的故事。带着对亲人的敬意、国家的热爱，学生们充分感受到个人、家庭的发展与国家命运的紧密关联，感受到一个家庭、家族的荣辱也是一个民族、国家兴衰的缩影。

把对民族、国家深厚的情感植根于家庭、家族的血脉延续之中，我们想表达的只有一个词：家国情怀。

相知：一物一世界

"器以载道，物以传情"，身边的老物件，或是长辈平淡岁月中的日日相依，或是家人峥嵘岁月中的风雨见证。

用身边的老物件，串起共和国70年发展的轨迹，用家庭的传承，展现国家社会的变化。这些看似普通的老物件，刻着岁月的痕迹，附着情感与记忆，凝聚着几代人浓浓的家国情怀。

翁莉雅同学的老物件很特别——一幢老房子上，"中共浙江省一大会址"的字样依然清晰。"我的曾叔公是一名中共地下党员。1939年夏，他受命联络组织，将会议转移到我家的祖宅进行，曾叔公与村民们负责通信、地勤等工作。为了保证会议的安全进行，他们把自家种的萝卜、青菜拿过来……"

汪程琳同学的老物件，则是一封20世纪80年代来自台湾的家书，写信人是她的曾叔公。"我能想象爷爷坐在摇椅上戴着老花镜一遍遍亲抚着来信，期盼着相见的一天……直到90年代初，阔别家乡近50年、时年70岁有余的曾叔公才踏上了漫漫归家路，回到故土。回乡五六年后，曾叔公终于没有遗憾地去世了。"

她说："再翻看历史书上的相关内容，那一行行的文字如同有了生命一般跃动在我眼前。课本上一个个两岸友好交流的史实，竟然都在我家一一验证了。这时我才明白，两岸同胞真的就是一家人，原来历史竟离我这么近！"

小物件，承载着大历史，回馈着新时代。学生寻找老物件的过程，也是一个探寻家国历史、传承红色基因的过程。学生们的这些家藏，为我们讲述了过去的故事，里面有你有我，有几代人的共同记忆。

相守：择一物，终一生

很多老物件都有自己独特的故事，都是一段家族史也是一段共和国史的记忆。凝固了亲情的历史，厚重得让人不能释手。

"老物件不仅仅是一件物品，它还承载着老一辈人的情感记忆，传递着长辈的谆谆教诲，蕴涵着支撑我们走完漫漫长路的精神智慧。现在，寻找老物件，就是回忆我们过去充满苦难的历史；展示老物件，就是传递我们奋力拼搏、积极向上的正能量；珍藏老物件，就是珍惜我们宝贵的经验教训……老物件不仅仅属于历史，更属于现在，属于未来，属于我们每一位青年。我们要珍视代代相传的老物件，使它们发挥应有的价值。"

"与过往相比，我们的生活已经有了翻天覆地的变化，一块手表曾经是多少人的梦想与夙愿，而现在还有谁会因为获得一块手表而喜不自胜呢？改革开放40多年，百姓的生活逐渐富裕起来。如今，时代的重任已经落在了我们的肩上，新时代的我们又要以怎样的精神来书写祖国壮丽的年华呢？"

……

活动历时8个多月，从"我家好像没有老物件"，到"我家这样的老物件很多，能否多带点来"，我们欣喜地看到了学生内心的变化。

很多学生自己勾勒出一个我—我的家—我的国的同心圆，亲手在心底里埋下一颗爱家爱国的种子，萌生出一种爱家爱国的力量。

或许，单个老物件最能诉说的是亲情，因为里面有家、有爱、有跨越时代的家风的传承；而千百个老物件汇聚一起，所蕴涵的家风就凝成了一种精神——中国精神。

　　择一物，年轻一代传承了老物件中先辈的智慧和力量；终一生，他们坚定了对家国的忠诚和精神信仰。这，是一个家庭血脉相承的命中注定，也是中华儿女为国家、民族肩担责任的信守与坚定。

原载于《半月谈·品读》2020年第5期

深度学习之径：历史学科课堂与博物馆的互融

以"我眼中的70年——学军中学学生家藏老物件展"为例

金丽君◎杭州学军中学历史教研组组长

一、写实：从课堂的博物馆到博物馆的课堂

2019年5月17日至7月16日，"我眼中的70年——学军中学学生家藏老物件展"在杭州西湖博物馆一千多平方米的场馆展出，500多件（套）学生从家庭中收集的老物件串联起共和国70年发展的轨迹。这是一场别样的展览，这里的每一件展品（老物件）都凝聚着学生祖辈和父辈点点滴滴的家庭印迹，又承载着新中国从站起来、富起来到强起来伟大飞跃的国家记忆。在杭州西湖博物馆，学生是志愿者讲解员，向同学、老师和参观展览的市民介绍自己的家藏老物件，并接受媒体记者采访，向社会宣讲老物件背后的故事。每一件老物件的故事都在新中国伟大社会变革和人民生活巨大变化的背景中展开，课本中宏大的历史定格在一件件具体的老物件上，学军中学的历史课堂也搬进了博物馆。

这些走进博物馆的老物件是从学生家庭、学军中学的历史课堂里走出来的。为了以历史学科史料实证的方式庆祝中华人民共和国成立70周年，历史

教师组织学生从家中收集能反映新中国发展历程的老物件。在家中，学生细心择取老物件，这既有史料鉴别与学科知识能力的运用，更是亲情交流、家风传承的契机。在课堂上，学生以家庭老物件守护人的身份，向班级同学和老师介绍老物件的故事。各式各样的老物件在讲台上亮相，课堂俨然成了博物馆。故事，是家的故事，也是国的故事，带着对亲人的骄傲、国家的敬意，让学生充分感受到个人、家庭的发展与国家命运的紧密联系。各班评选出最具代表性意义的五件物品，集中在校园里展出，还以年级为单位举办了老物件主题演讲比赛。

活动通过学校的微信公众号向家长和社会传播，引起社会各界的极大兴趣。参与报道的有《人民日报》《浙江日报》《中国教育报》《杭州日报》《都市快报》《钱江晚报》《青年时报》《浙江教育报》和新华网、凤凰网、浙江卫视、杭州电视台等20多家媒体。越来越多的关注、越来越清晰的老物件意义激发出学生越来越浓烈的参与热情，学军中学和杭州西湖博物馆联手推出展览，实现了家庭教育、学校教育与博物馆教育的深度融合。至此，一端连着家的亲情，一端连着国的历程的老物件从历史课堂走进了博物馆，也实现了基于深度学习的历史课堂和博物馆的完美融合。

这场基于深度学习的历史学科教学与博物馆合作开展的研学实践活动是历史学科核心素养培育途径的探索，也是历史学科献礼新中国70周年华诞的独特方式。

二、探寻：深度学习培育核心素养的途径

历史学科深度学习是一种在教师引领下，学生围绕具有历史学科特色的挑战性主题，全身心积极参与、体验的学习过程，是一种注重高阶思维发展的理解性学习，强调知识整合，注重迁移运用和引导正确的价值观等。

历史教学常常给人死记硬背、机械教学的感觉。实际上，不少教师的确会采用默写、填空、抽背等令学生烦恼的生硬教学手段。这种以记忆替代

思考的教学方式，会造成知识的孤立、碎片化，使学生难以形成系统性的认识，无法在运用中把握知识的本质，更无力顾及核心素养之关键能力和必备品格层面。

核心素养指向学生未来生活和未来社会的发展需求。在智能化的时代和社会，学校教学应从知识的深层次去探究学习的价值，在研学实践中穿透教与学的表层学习，促使学生的学习方式发生真正改变，成为核心素养发展的有效途径。

（一）实现知识和经验的转换

深度学习以知识为载体，指向迁移运用所学知识和方法解决问题的能力，即让外在于学生的知识与学生个体经验建立联系。"新中国·老物件"系列主题活动中，每一环节的开展都不是教科书般的设定。在未知的挑战面前，教师引领学生，让他们参与的每一个活动都具有知识、方法迁移和运用的实践操作意义，即实现知识和经验的转换。

1.给予学生发言权。学生在活动中的发言权，能给学生带来主人翁意识，不仅能促使学生更积极、更主动地参与活动，还给学生更多、更大的自我展示的空间，这种空间能带动学生实现知识和经验的互融。

"我家的老物件要进博物馆了"——学生一旦产生跃跃欲试、渴望参与的动念，必定乐于投入全身心的努力。教师抓住学生这个用心动情的兴奋点，引导学生为全校的老物件选择一个在博物馆布展的方案（方案一按班级序列，方案二按新中国70年发展历程的时间序列），并说明理由。当大部分学生认同方案二更能体现主题意义时，教师进一步引导学生：请说明你家的老物件与新中国的哪一件大事或发展阶段相对应，并手书一张老物件的家庭故事和时代意义的说明牌。在此过程中，学生再访家长，查阅资料，研读史学著作，使外在知识与个体经验互动互进，反映了他们追求完善的热情，展示出在主体意识激发下主动探究深度学习的效果。

2.搭建真实的需求平台。真实的问题需求更能激发学生对学习的期待、动力和潜能。基于博物馆布展需要解决的实际问题，博物馆采用学生的布展建议和手书的原汁原味的说明牌，在暑假招纳学生为博物馆志愿者讲解员，他们表现出强烈的主体意识和参与热情。学生在实践中运用知识解决问题，特别是解决陌生的、复杂的问题，学会自我拓展知识面，通过查阅网络、名家著作，结合自我经验提出个性化、原创的最优方案，实现了学以致用、用以创新的目标。

搭建一个真实的平台，创设一种不同于常规课堂模拟的情境和方式，不仅给学生带来新奇的挑战感，更给予学生一种切实的成就感、责任感，有效提升了知识和经验转换的效度。

（二）实现从接受到发现的学习方式转变

深度学习是学习者自我导向且积极主动的行为。换言之，学生不是接受知识，而是在教师引导下，主动"进入"知识，发现发展的过程，"亲身"经历知识的"（再）形成"和"（再）发展"过程。

教师高质量的活动设计可引导学生实现学习方式的积极转变，确立学生的主体地位，引导学生主动去探索、发现知识是高质量活动的关键。

1.面向全体和全面。为了确立学生的主体地位，引领学生主动探究、体验知识的发现过程，教师要设计全体学生可以全过程充分参与的活动舞台，引领学生主动来到舞台中心担当主角。在"新中国·老物件"活动中，家庭老物件的择取、课堂宣讲、校园和博物馆展览，都促进了全体学生间、所有师生间、师生与社会间，立体、多渠道、多层次的充分的互动、交流、启发及评价，并建构起以学生为主体的多点、多面、多层次的与新中国发展历程关联的意义。

2.站位于学生视角。从学生的视角选择活动的"抓手"，与学生的心理、知识、能力、经验相匹配。以学生眼光收集的老物件总能吸引学生的关注，琳琅满目、各式各样的老物件总会对学生的兴趣点有所回应。而这些老物件又汇集、承载了新中国的厚重历史，任何一个民族的根或魂都来自历史的积淀。老物件具有历史底蕴，加之与学生的缘分，促成学生深入探究的意愿。

3.保持过程的持续激励。活动过程中持续的激励让学生更乐于表现。一时性、短促的活动难以形成稳定有效的情感态度，5个多月的持续活动，分阶段递进式地开展，活动意义逐渐被学生认可，逐渐地影响学生。活动的社会影响也逐渐扩大，特别是获得领导的肯定、《人民日报》等20多家社会媒体的报道，使学生们深受鼓舞。在这种被关注、被重视的激励中，学生不知不觉从被组织参与转变为积极主动地参与。

如"我家老物件要进博物馆了"，这种激励带来的骄傲和兴奋使学生主动献宝、献策，主动争取在博物馆向社会宣讲老物件的机会，深入挖掘老物件丰富而复杂的内涵与意义，"体会到更深刻、复杂的情感以及学科思想方法"[1]。从这个角度看，除学校、教师的激励评价外，以博物馆为代表的社会力量的积极关注和参与，也促进了深度学习的推进。

4.引导深入理性思考。除去短暂的激情，如何留存活动对学生一生的意义？暑假期间，学校和博物馆进一步联手推出"我与新中国老物件的对话"主题征文比赛，将优秀作品集成册，引导学生理性思考活动过程中的收获和感受，促进其精神成长，这也是活动价值意义的持续表达。

（三）实现体验反思的主题聚焦

深度学习并不只是为了促进学生的高级认知和高阶思维，更指向立德树人，指向培育核心素养全面发展的人。因此，深度学习强调动心用情，强调与学生的价值观培养联系在一起。确立具有价值意义的挑战性学习主题是深度学习的首要任务。

主题价值意义的实现和实效需要内心的体悟和认同。基于历史教育功能的社会责任和新中国成立70周年的社会热点，我们确立了以弘扬爱国主义为核心的民族精神和以改革创新为核心的时代精神的主题意义。宏大的现实主题、鲜明的时代意义与学生家国情怀素养间需要着力点。

---

① 郭华.深度学习及其意义[J].课程·教材·教法，2016，36（11）.

1.找到有信服力的情感共鸣点和触发点。主题价值的实效在于以理服人、以情动人。巧用家庭老物件载体，以历史学科特有的史料实证方式，找到学生与家庭老物件、家庭老物件与新中国发展的情感共鸣点，从波澜起伏的人生故事中领会新中国一代代人的精神情怀。

史料是认识历史的桥梁，但史料本身并不说话，老物件的意义需要解读和感悟。一件老物件只是一个学生对意义的一种表述，而只有从历史演进和变迁中梳理出整体脉络，才能显现历史发展的本质和趋势。博物馆以专业的技艺建构老物件间内在的逻辑关系，用个体的、具体的老物件串联起一部新中国70年的发展史，有利于学生、教师、社会人士从不同角度追问老物件的意义，把比较表层的认识通过逻辑的延伸进行深化和挖掘，丰富认识和理解。

2.促成在体验中反思内化。深度学习是学生感知觉、思维、情感、意志、价值观全面参与并全身心投入的活动。"从根本上说，价值观的形成是一个实践的过程，价值主体通过互动和体验'悟'出价值观的真谛。"[1]在博物馆展柜的上方，是与老物件背景相对应的新中国70年发展历程的大事介绍，这些大事有意采用教科书中的叙说和配套图片，在博物馆中，学生或讲解，或参观老物件的过程，如同跟随着新中国发展的脉搏和节奏，踏上了历史进程，与家人、与国家在一个频道上共振。

"没有思考，再多的体验也毫无价值。"面对众多老物件，学生在认知自家老物件与新中国发展的内在联系的基础上，进一步开展抽象的概括，拓展其历史认识的广度和深度。随着参与体验的深入，学生对老物件的思考越来越深入和复杂，高级认知和高阶思维能力也越来越强。同时，学生感受着自家家人先辈的情感，也感受着其他同学的家人先辈的情感，汲取着智慧、精神和力量，在体验中深化家国情怀。

在亲历中体验，在反思中感悟。体验中的反思内化，是对主题意义的聚

---

① 季爱民，谭晓爽.试论体验教育在青少年价值观形成中的作用及实现路径[J].福建教育学院学报，2017（6）.

焦和认同。

三、感悟：一场美好的遇见

1.让好活动的价值"超水平"发挥。苏霍姆林斯基曾说："学习如果具有思想、感情创造，美和游戏的鲜艳色彩，那它就能成为孩子们深感兴趣和富有吸引力的事情"。[①]我们从史料实证素养出发，通过学生身边亲人真实的物件及物件背后的故事，创设了一个有学生情感关注点，有思想立足点，有精彩故事的活动，吸引着学生全身心的投入。这是一个好活动的特征。

引导学生把个人梦想和国家梦想结合，构筑一个我—我的家—我的国的同心圆，强化学生的责任感、使命感，这是我们起初的设想。随着活动的深入，学生不仅是受教育者，还是影响他人的施教者；在媒体、网络和博物馆展览媒介作用下，社会人员自觉关注和参与，家庭教育、学校教育和社会教育深度交融互通，教育范畴和价值效益产生超出预设的溢出效应。这是一个好活动的意义。

2.让社会资源有效转化为课程资源。学校、社会、博物馆提供学习的共同体资源。"把课堂延伸出来，教室里是课堂，竞技场上也是课堂，社会是更大的课堂"，学军中学的育人理念和博物馆社会责任的深度融通促成了老物件从课堂走进博物馆。馆校共建，博物馆资源与历史课堂教学的紧密结合，使有温度（感情）、有深度（思想）、有体验（审美和游戏）的深度学习成为学生向往和热心的事情，知识和经验在此得到提升，家国情怀得到无声渗透，馆校合作的意义和价值在此彰显。

3.让教育理想凝聚教师群体间持久的合力。追求更好的教育有赖于教师群体持久一致的努力和实干，团结协作凝聚的合力是化解困难的关键。大型系列活动需要一群教师，创新的活动需要不断尝试和修正，从家庭老物件的

---

① 苏霍姆林斯基.把整个心灵献给孩子[M].唐其慈，毕淑芝，赵玮，译.天津：天津人民出版社，1981：156.

收集、班级讲述、学校展出、博物馆展览，经历动员、组织，物件的保管、整理、意义挖掘，运输、布展、撤展、征文、演讲比赛等，历时5个多月，各项工作极其烦琐、细致，考验着教师的脑力、体力、耐力和教研组群体的团结力、协作力，与学校各部门、众多家长、社会各层面的协商互助力。实践证明，恰是活动的持续、持久，促进了内涵和意义的深化，达到了润物细无声的效果。

这是一场美好的遇见：在一个有意义的、有意思的活动中，一群未来社会的领军人遇见一群有思想、有追求的学校老师、博物馆老师，共同演绎了一段美好的教育故事，并以此献礼中华人民共和国成立70周年。

原载于《中学历史教学参考》2019年第11期

"老物件"呼唤出的光芒与力量

杨熙铭◎杭州学军中学历史教研组教师

2019年3月至10月，学军中学的"新中国·老物件"系列活动隆重开展。系列活动和学生家庭的宝贝们得到了学军中学师生的无数赞誉和掌声，也受到了社会各界的广泛关注，在杭城刮起了一阵阵"古董风"！ 5月中旬到7月中旬，老物件们走进了杭州西湖博物馆，在那里，它们装点了西子湖畔，也震撼了广大市民和远道而来的游客。更使我意想不到的是，这个为期长达半年多的活动竟然唤醒了一颗缺少希望和光芒的心灵。

A同学曾因心理压力大而休学一年，后来他来到我做班主任的班级念高二，开学时，他的姑姑来学校和我交谈了一个晚上，告诉我关于他的一切，其间她不断流泪，我看得出她对孩子深深的爱。之后心理咨询中心的老师更是和我详细分析了他的心理病状，我不禁大惊。在为这个孩子深深捏一把汗的同时，我也决心要尽全力去帮助他。

开学第一周，我和他谈了三次话，试图走入他的内心世界。我当时信心满满，因为自己大学时读的是历史学和应用心理学双学位，又做了多年班主任，自信地以为可以开导他。但是美好的愿景很快就遭受了挫折，从第二周开始他便不来学校读书了。我去家访过两次，未果。就这样，高二上学期即将过去了，他始终没有出现在班级里，直到期末考的前几天来拿准考证，我和他聊了聊，鼓励他下学期回到班级来，回到温暖的集体，他答应了。庆幸的是，这个学期，我从同学们那里得知内向的他喜欢在班级课堂上讲故事，对一些历史或者文学方面的问题发表自己的见解，也就是说，他还是喜欢在公开场合表现自我的。当时我就想下学期他回来后，我一定要给他创造机会。

转眼，冬去春来，迎来了高二下学期，他回到了班级学习，大家看到他都很兴奋。由历史教研组策划和承办的"新中国·老物件"活动是学军中学向新中国70周年华诞献礼中浓墨重彩的一笔。各班学生主动拿出家里的老物件在班级里进行初选，然后选中者在校内展出。我找到了A同学，但起初他并不愿意，眼里充满了胆怯。我语重心长地与他沟通：你的爷爷是抗美援朝的老兵，是国家的功臣，他的人生、他的历史、他的老物件应该让更多的人知道，这不是一种炫耀，而是一种分享，一种家国情怀，一种弥足珍贵的民族集体记忆，我们很想听听。他对我笑了笑，同意了。

班级初选会开始了。他拿来了爷爷的老物件：抗美援朝战争中获得的纪念章一枚，参军证一个，抗美援朝时用过的手帕一条。轮到他上去演讲了，出乎我意料的是，他开始充满激情、幽默风趣地侃侃而谈，正像同学们所说的那样。他的演讲内容不仅仅涉及爷爷那段保家卫国的光辉岁月，更融入了他对"冷战"、朝鲜战争以及当时中国内外局势的见解。演讲的最后，他呼吁，当代中学生尤其是学军中学的学生要有悲天悯人的情怀，要主动承担起社会责任和历史使命。同学们给了他热烈和持久的掌声，他家的老物件和他精彩的演讲为他赢得了班级初选的最高票数。

校内展览中，我鼓励他去为自家的老物件代言，去为师生们讲解老物件背后那段感人至深又催人奋进的故事。他再次凭借出色的演讲给更多同学留下了深刻的印象。那之后，他渐渐开朗了很多，主动和我说要坚持每周上学两天，我心里万分惊喜，因为这与上学期和再之前相比已是进步巨大。与他的情绪和心态转变同时发生的，是我们的"新中国·老物件"活动受到了极大的关注。《人民日报》《中国教育报》《钱江晚报》和浙江卫视、杭州电视

A 同学家里珍贵的老物件

台等媒体都来学校进行采访。在《人民日报》和浙江卫视采访之前，我想到了他，他一定可以的，而且我确信这两次采访一定会打开他的心结，让他有更加充足的勇气。面对浙江卫视采访时，他说出了一段感人肺腑的话，感动了在场的师生，感动了记者，我想，也一定会感动电视机前的观众。具体内容如下：

> 我想，这几件老物件对我爷爷个人来说，承载着他人生无法抹去的记忆；对我的整个家庭来说，那是一段动人的故事和值得我们永远骄傲的荣光；对整个国家来说，虽是沧海一粟，但它们诉说着中华民族的集体记忆和先辈为了国泰民安、海晏河清而忘我的奋斗史。这几件老物件带给我的不是什么光环，而是一种成长，我从来没有像现在这样热爱我的家，热爱我的国。我第一次如此清楚地认识到，新中国的70年，是千千万万中国人民砥砺前行的70年，是千千万万家庭艰苦奋斗、奔向小康的70年。必须承认，老物件也让我对生活、对成长有了更多的希望！

很快，他和他的"宝贝"们成为同学眼中的明星。4月份，时任浙江省委副书记、省长、省政府党组书记袁家军视察学军中学，他作为学生代表讲述老物件的故事，得到了高度的肯定。他兴高采烈地跑回来对我说："杨老师，我讲解后，省长拍了拍我的肩膀，他的眼神很温暖，让我很有力量。"我相信，这个孩子会越来越好。几天后，他答应了我"得寸进尺"的要求，每周来上学三天，他也真的做到了。

转眼到了5月中旬，我们的"新中国·老物件"活动在西子湖畔的杭州西湖博物馆掀起了"古董风"，家庭老物件被选中展出的同学们心里乐开了花。A同学对我说，他周末就要去看看，也要申请去做志愿者讲解员，时常去给游客们讲讲那段令他记忆犹新，但每次讲都有不同感受的动人故事。多次担任志愿者讲解员回来后，他更加健谈，更加愿意在非正式场合表达自己的观点，我的心里有了无限的慰藉，也顺势向他提出每天都来学校的"大胆要求"，他答应了我，而且真的一直坚持到了期末。虽然中间他也有情绪低落、困倦厌学的时刻，但是都不会再像原来那样躲在家里，躲在那个只有他自己的狭小空间，不再形单影只。

暑假里，她的姑姑兴奋地给我打电话告诉我，他主动要去参加数学和英语的培训班，而且空余时间就到浙江省图书馆学习，虽然也会有情绪低落的时候，但和之前的他相比，完全判若两人。我兴奋良久。现在，高三如期而至，他和同学们一起回到了这间温暖的教室，开始了紧张但也充满着无限可能的冲刺高考的日子。我希望他能坚持下去，我想他也一定会坚持下去，因为在他内心深处驻着热情，驻着善意和美好，驻着家国情怀！

我承认，作为一名班主任，我曾很多次刻意地去改变他、说服他，也对他失望过，因他沮丧过，但还好我没有放弃，也还好有了"新中国·老物件"，通过这个活动真正了打开了他的心扉。这个活动让他擅长的、喜爱的东西淋漓尽致地展现在我们的面前；这个活动让他知道，在他身边，有很多人带着钦羡的眼神关注着他并向他学习；也正是这个活动，让他更发现了自己内心潜藏着的责任感、使命感和家国情怀。

我们的"新中国·老物件"活动其实并未远去，因为学生家中的宝贝们已经"活起来"，它们全方位折射了70年来普通百姓的生活点滴和祖国的跨越式发展。它们诉说着美好回忆，牵动着人们的思绪，连接着你、我、他的心。

　　诚然，A同学追寻自我的心路历程还在延续，一颗被唤醒的心灵从此充满了希望和信念，这种炽热的感情足以照亮长空，驱散任何阴霾和晦暗！

第二章

心声激荡，感触历史温度

家祖从军物件记

潘一冰◎杭州学军中学2017级6班

读完学校历史教研组发下来的"老物件征集令"，我难置一言。

我们这样的平凡家庭，会有那些饱经风霜、蕴涵历史的东西吗？但是，老爸确确实实找出来一个锈迹斑斑的盒子。

当它被郑重打开之后，一段尘封的岁月在我面前清晰地铺展开来。

朝鲜，寒冬，崇山峻岭，银装素裹。

一辆辆满载军需物资的卡车面对呼啸而来的美军飞机毫不退缩，一往无前地向前线奔驰。手握方向盘的那位战勤司机绝不会想到，60多年后，他的曾孙子会从那些零零星星的老物件中感怀这一段往事。

那是1951年，朝鲜战争的战火烧到了家门口。无数青年响应国家号召，随着"雄赳赳，气昂昂，跨过鸭绿江"的旋律，参加志愿军报效祖国。

太爷爷是其中的一员，他的任务是保障后勤、运输给养。曾经以开民用汽车为生的太爷爷，刚好能够运用这项当年少有人精通的技能。

太爷爷觉得自己是一个幸运的人，因为国家需要他这样的稀缺人才。

太爷爷赴朝参战后，家中便少了一个人，家人们对太爷爷的牵挂和思念与日俱增。生活仍然继续着，太奶奶每天坚持阅读报纸，时刻关注着战争的进程。

前线捷报频传，平壤、汉城相继解放，一切似乎都很顺利。全家人对战争态势有了信心，担忧自然也放下了几分。

然而，天有不测风云。有一天，家中忽然收到一个包裹，全家人的心都提到了嗓子眼——那只包裹已被鲜血浸透，就连地址也模糊不清了；里面有两张太爷爷的照片、一个笔记本和一支钢笔，什么字也没有留下。宁静变成了悲痛。

之后，时日渐长再杳无音信，家人们便渐渐说服了自己：太爷爷是真的光荣了。直到3个月后，太爷爷的一位回国养伤的战友敲开了家门，他告诉家人们太爷爷一切安好，还在为保障弹药给养和接送伤员而战斗在运输线上。

家人们的希望重燃了，但关于包裹上的鲜血，谁也不敢多想。大家明白，这条保障后勤的运输线是无数后勤指战员用鲜血铺就的。

前线战事激烈依旧，太爷爷也屡遭危险。在一次运输途中，车队遭遇了美军的空袭，有一辆满载炮弹的车中弹起火，司机为了避免车子爆炸造成道路毁坏、车队损失，毅然驾驶着火的车辆离开车队向前飞奔。

一声巨响传来，之后路边只剩下还在燃烧的残骸。那是一个比太爷爷还年轻的实习司机，这实在令人哀伤。面对生死，太爷爷后来淡然地说："如果我的车着火了，我也会那么做。"

这样的日子持续了一年，艰苦和残酷有增无减。朝鲜严寒的冬天，让太爷爷这样土生土长的南方人难以适应。

崎岖难走的道路也是危险重重——路基随时可能塌陷；随处可见弹坑，司机得时不时停下来填好才能顺利通行；还有每天要防备美军的轰炸和特务的袭扰。

冻伤，翻车，空袭……无数的艰难困苦和充满变数的危机，频频出现在运输线上……

祖国没有忘却这些奋斗在运输线上的人。为了表彰战勤司机在战役中的杰出表现，太爷爷和几个战友获得了纪念章。那一刻，感到无上光荣的太爷爷，爱国的热血和激情顿时涌上了心头。

太爷爷赴朝鲜一年后，终于迎来了和平。随着停战协定的签署，太爷爷也期待着凯旋。慰问团的到来更是增添了部队的喜悦气氛，慰问团还为战士们带来了不少慰问品。

太爷爷的另一枚纪念章就是在那个时候获得的。更值得一提的是，太爷爷还带回来一封洪学智司令签发的慰问信。这是对那些勇于奉献和牺牲自己的战士们最好的回报了。

荣耀闪光，令人难以忘却。但太爷爷归国之后，只是放好这些曾经的光荣，回归寻常生活。

时光回到2019年。在家人揭开这些尘封的老物件的那一刻，我惊呆了。

我从未想过历史离自己如此之近，也从未想过自己平平常常的家庭之中，竟有着这样一段令人感动、敬佩的历史。

太爷爷史诗般的经历为我们平凡的家庭添上了浓墨重彩的一笔。细细回味其中包含的荣耀、苦难、艰险，我深深地感受到了历史的重量，同时也感受到理想、信念的力量。

我告诫自己：珍惜我们美好的和平时代，努力学习，报效祖国，争取属于自己的荣光时刻。

指导教师：金丽君

原载于《半月谈·品读》2020年第5期

爷爷家的"老爷"电视机

陈诺◎杭州学军中学2018级3班

　　光阴似箭，日月如梭，那些老物件见证着时光流逝和社会变迁。

　　爷爷家的这台"老爷"黑白电视机，在我看来，又老又旧且笨重——屏幕很小，只有14英寸，而且没有遥控器；它正面的右方有两个旋钮，一个用来调谐换台，一个用来调节音量；右下方有个按钮是电源开关；左下方有几个凸起的字母"BEIJING"，这是它的商标；黑色的两插电源线在右后侧；后方有很大的"包袱"，里面应该都是电子管；上方有两根可以伸缩的天线，可以旋转调节方向。

　　爷爷说，这台电视机是他在1982年年底下了大决心花了410元、托了熟人的熟人才从天津买到的，这是当时村里的第一台电视机。因为实行家庭联产承包责任制以后，爷爷他们拥有了土地承包经营权，只要缴纳一定的农业税就可以种自己想种的农作物，积极性和生产效率空前提高，在吃饱穿暖的基础上还可以将多余的粮食卖出，一般家庭的年收入一下子从五六百元提高到了一千多元，为此，作为生产队长的爷爷高兴得不得了。而且那年，爷爷家的母猪也特别会生，小猪崽长得又快又好，卖了个好价钱，收入突飞猛涨，于是爷爷想改善生活，买一台电视机和大家伙儿一起乐和乐和。

　　爷爷说，当时因为要不要买电视机的问题还和奶奶闹了个"大别扭"。

主要原因是他和奶奶"三观"有出入。爷爷觉得有余钱首先要满足精神需求，增加生活乐趣。奶奶却坚决反对，理由很充分：一是好不容易有点余钱要存起来以备紧急之需，因为"饿怕了、穷怕了"；二是买电视机还要费个人情，麻烦别人总是不好的。爷爷说，也难怪奶奶这么想，因为在改革开放之前，一方面，农村实行集体经济模式，农民收入很少，长期以来能解决温饱问题就很好了。尤其是20世纪五六十年代，大米、白面对他们来说，几乎是"玉盘珍羞直万钱"，吃不饱是常态，穿的那真是"新三年，旧三年，缝缝补补又三年，一代接着一代传"。这种状况直到20世纪70年代初期才略有改善，彼时实行了工分制，到年底，除去口粮钱、灌溉用的水费等，只能稍有结余。爷爷虽然当了十几年生产队长，但只有奉献和责任，没有任何特权和好处。20世纪60年代到70年代初期的农民生活可以说大多是很拮据的，爷爷家也一样。另一方面，当时国家实行票证制度，买粮、买布、买油、买肉都只能凭票，买电视机这种高档用品更是要凭票了。也是机缘巧合，1982年年底，有位曾住在我爷爷家的天津知青回来看望时说起他在电视机厂有认识的人，如果爷爷要的话可以帮忙打个招呼，也算是感恩当年的照顾。在这样的情况下，爷爷才动起了"买电视机满足精神需求"的念头。

爷爷凭着作为生产队长对党的政策的理解，加上反复深入细致的诱导劝说，终于让奶奶同意了。爸爸说，电视机买回来后的回忆也真是充满酸甜苦辣。电视机到家后，奶奶虽然已经在客堂安排好了位置，但摆好之后还不能马上看，因为要到晚上才有节目，而且只有一个台。那天，几乎全村的人都来了，大家等啊等，在兴奋和焦躁中，天终于黑下来了，爷爷终于把电视打开了。"那可真是历史性的时刻啊！大家首先看到的是密密麻麻的雪花点，夹杂着刺耳的'吱吱吱'的声音，但即使这样我们也兴奋得不得了了。"为了调出清晰的图像，爷爷一会转动天线，一会微调旋钮，旁边的人则七嘴八舌地"往这边一点""转那边一点"，好像个个都很懂的样子积极地支着招，好不热闹。终于有信号了，开始是满屏幕的方格子，然后是扭曲的图像，接着才逐渐变得清晰。这真是个极其"漫长"的过程，虽然当时是冬天，但爷爷的额头上还是渗出了汗珠。也许是电视机的接收功能差，抑或是电视台的发射功能不好，这样的活总是要反反复复：这会儿调好了，稍后又不行了；今天调好了，明天还要重新调……后来爷爷终于想了个妙招，他用铅笔和铁丝把旋钮和天线的最佳位置分别标注和固定下来，才算勉勉强强解决了这个问题。

从那以后，爷爷家就成了村里的"文化活动中心"。每当夜幕降临，许多邻居甚至村里的乡亲们都自动到来，把爷爷家的客堂挤得水泄不通。有时候人实在太多了，爷爷干脆把电视机移到屋子外的晒谷场，像放露天电影那样招待客人。奶奶说，那时候尽管信号不稳定，电视上老是满屏雪花点，还经常停电，但朴实的乡亲们总是异口同声地夸赞："在村里就能看到全国各地的新鲜事""不出村子也能看电影"。爷爷、奶奶虽然要忙里忙外地给乡亲们泡茶倒水，但听到大家的夸赞声，心里还是乐滋滋的，爸爸他们也觉得异常荣光。后来，乡亲们也陆陆续续买了电视机，再后来，家家户户都有了，爷爷家也就慢慢地"门前冷落鞍马稀"了。

40多年来，农村发生了翻天覆地的巨变。现在，爷爷家的生活条件比买第一台电视机时不知好了多少倍：智能手机、汽车等新"四大件"样样齐全；房子也拆旧造新，换成了三层别墅式住宅；电视机更是换了数代，屏幕由小到大，色彩由黑白到彩色，控制器由旋钮到遥控器，频道从一个到一百多个，里面播放的内容更是精彩纷呈。这台古董电视机虽早已闲置不用，但爷爷、奶奶依然珍藏着它，始终舍不得丢掉。我想，或许爷爷、奶奶是把它看成了那个年代的记忆、过上幸福生活的标志，因为它的的确确见证了改革开放40多年的风雨兼程，见证了祖国从富起来到强起来的光辉历程。

▎感言▎

"新中国·老物件"系列活动一开始，我们就全家总动员，翻箱倒柜，找出了很多很有意思的老物件，如外公的20世纪50年代的房屋契证、20世纪60年代的先进生产（工作）者的奖状和奖品，外公与外婆的20世纪50年代的结婚证，爷爷家的20世纪30年代的祖传家具、20世纪50年代的农作具、20世纪80年代的电视机，等等。在寻找老物件及其故事的过程中，我通过"访（访谈相关人员）""查（上网查询相关史实）""研（研究专家学者的文章）"，直观地感受到了每一个老物件都是时代的印证，感受到了长辈们不畏艰难、吃苦耐劳的奋斗精神和对美好生活充满憧憬向往的乐观主义精神，感受到了祖国的发展和社会的变迁，感受到了长辈们的奋斗史也就是我们国家的发展史；尤其是撰写征文的过程中，我深深地感受到个人的成长、小家的发展与国家的命运如此紧密相连。整个过程中，我经常被长辈们感动得热泪盈眶，为他们而深感骄傲和自豪；同时，民族自豪感和历史使命感也在我心中油然而生。可以说，通过活动，我进一步增强了道路自信、理论自信、制度自信和文化自信，进一步加深了对伟大祖国的热爱，进一步理解、读懂了历史！这真是很奇妙的感受和体验！深深地感谢策划组织了这么有思想、有内涵、有创意、有意义的活动的老师们！

指导教师：金丽君
原载于《中学历史教学参考》2019年第11期

宝龙同志

何彦成◎杭州学军中学2018级11班

初参军首见叶帅

大概是1966年的一天，宝龙同志接到了来自浙江省军区政治部的任务，他怀着疑惑等在汪庄（浙江西子宾馆）的乒乓球室准备迎接重要人物——首长。当下午3点钟的钟声敲响时，门被推开了，进来的是一个令他意想不到的人——叶剑英元帅。叶帅喜欢打乒乓球，在叶帅疗养期间，宝龙同志的任务是每天下午3点前到乒乓球室陪叶帅打球。而此时他已经戴上大红花参军5年了。

这大概是宝龙同志一生中的重要经历了，每次我父亲说起时总是眉飞色舞，当时宝龙同志除了在军队中工作外，还是省军区乒乓球队的一员，因此才被选去"陪练"。虽说我和宝龙同志隔了两代，但这件趣事仍通过我父亲这个中续站传达到我这里来了。

我印象中的宝龙同志白发染黑，脸上带笑，身体精瘦，看起来和参军照上的懵懵懂懂的青年完全不一样。我对他最深的记忆是他骑电瓶车带我去上学的画面，对我来说，他就是一个普普通通、纯纯粹粹、平平凡凡的爷爷。

我爷爷姓何，何宝龙同志。

回首物件忆旧容

因为搬家，原本被压在最里面的箱子中最深处的物件——宝龙同志的参军照、提干后的工作证又一次被翻了出来——上一次翻出它们也是因为搬家，在我没出生之前。

宝龙同志已经逝世了，我也只能从家里发黄的照片和我奶奶、我父亲的口述中找出几个片段，拼凑出宝龙同志的样子。

宝龙同志是1961年戴着大红花入伍的，在杭州参军，在浙江省军区服役。当年杭州参军、杭州服役的总共就三个人。他也因此与奶奶相遇。他在参军的第三年入党提干，到机关工作，后来又到了浙江省军区政治部电影站工作（原浙江省军区政治部现为国防教育主题园，距离杭州西湖博物馆约300米）。当时宝龙同志的主要任务就是带着机器到处跑，给战士们放电影，丰富省内海岛山区战士们的生活。在当时，这几乎是唯一的"现代娱乐方式"。战士们都盼着看电影，于是宝龙同志就跑遍了浙江省，从郊区到山区，从海岸到海岛，不知跑坏了几双鞋，整个浙江省只要有军队驻扎的地方他都去过。

这段经历到现在都还有旁证：当年驻守钱塘江大桥的高炮部队赠予宝龙同志的纪念品，一个50毫米口径的炮弹壳。

后来宝龙同志事业爱情双丰收，既升了职也找到了老婆，生下了我父亲和我姑姑。

几张外地粮票

一对夫妻和两个孩子，一共四个人，这怎么也算不上一个大家庭，但在当时那个物质匮乏，连买一盒火柴都要凭票的时代，许许多多的生活物资有钱也买不到，初为人父的宝龙同志还得为生活操心。在这个小家庭中，最突出的问题是缺肥皂。儿女正是好动的年纪，自己也总是要换洗军装，宝龙同志为家人解决了衣食住行的问题，却在小小的一块肥皂上犯了难——到哪可以多买肥皂呢？宝龙同志逛遍了杭州的店铺，挠破头也没有找到解决方案，不过这个问题却在宝龙同志出差时被偶然解决了：当时军人地位很高，很受尊重，单位或个人都愿意给军人一些小福利，比如可以多买一块肥皂。宝龙同志经常要出差，于是每次去上海出差，都会特地到这样一家军人可以多买一块肥皂的店去买肥皂，所以每次出一趟远门，带回来的不是特产而是肥皂……一次次出差，宝龙同志带回来的除肥皂外，还有他省吃俭用留下的几张全国通用的粮票，"以备不时之需"。

在计划经济时代，这些粮票被一直存放着，确立了社会主义市场经济体制后，它们成了历史的见证。

棒冰和电影

等我父亲再长大点，他就享受到了宝龙同志带来的两大福利——令他印象深刻的棒冰和电影。

当时市面上一般是白糖棒冰3分一根，赤豆棒冰4分一根，而在部队的小卖部里白糖棒冰只要1分5厘，赤豆棒冰只要2分，于是用一根白糖棒冰的钱能吃两根白糖棒冰的幸福就填满了父亲的心。至于赤豆棒冰，就是绝对的奢侈品了。

当时部队里放新电影的时间一般比市面上要早上半年，而且部队里能看到少见的战争纪录片，比如关于珍珠港事件、诺曼底登陆、中东战争的，这些电影不仅让战士们开阔了视野，也让悄悄混进去的父亲大开眼界。

宝龙同志还有一点让我父亲和我很羡慕：他提干以后有配枪。宝龙同志平常用不上配枪，他的小手枪就压在箱子底下，只有紧急集合时他才整理装备，挂上配枪。不过宝龙同志的配枪在"文化大革命"开始时就统一被收了回去。

我爷爷在部队服役将近20年，到1978年才离开部队转业到地方工作。他退休后还担任浙江省新四军历史研究会联络员，直到去世。

因为这次老物件展，我才能了解到隐藏起来的就在我们身边的历史。我从参军照和工作证中看到了爷爷的剪影，看到了过去的生活，从粮票中看到了过去的时代。教科书上的文字从没有像现在这样直观，从新中国成立到改革开放，一页页历史被慢慢翻过，而佐证它们的正是自家的老物件。历史突然从一本教科书、一场考试变成了生活中的点点滴滴，从墨黑的文字变成了带着长辈生活气息的物件。历史就是如此，由无数个人、无数事件、无数片段、无数视角汇聚而成。

指导教师：钟徐楼芳

原载于《中学历史教学参考》2019年第11期

历史的火炬

褚思齐◎杭州学军中学2017级12班

听到"历史"这个词，我总会想到长城的古砖，玄武门下的血迹，抑或是马恩河的炮响，台儿庄的硝烟。总之，历史总让我觉得宏大而遥远。

我以为历史只是一门学科，隐遁于史册与博物馆的展品之中。

刚听说学校要举办"新中国·老物件"活动时，我只是把它当成一项作业来完成。父母兴致勃勃地找出了20世纪70年代的粮票和80年代的钱币，我原本是打算拿这些来交差的。直到周末去外公家，偶然遇见了一件更老的物件。

在外公家阁楼的柜子里，我看到了一只其貌不扬的木头箱子，外公说它是家传的钟表修理箱。他小心翼翼地把它拎出来，轻轻放在地板上。我起初惊讶于它的体积之大，接着又被它的独特设计所吸引：这是只一尺多高的深棕色木头箱子，岁月在它身上烙下了深深的痕迹，箱子顶上的黄铜把手被磨得发亮。箱子最上层是一格玻璃柜，摆放着当年修钟表用的酒精灯、钟表油、单目镜、零件清洗缸等工具；下面的四个抽屉里放着各种配件，旁边窄窄的扣板已经换过了，木板颜色浅了许多；箱子背面是一层玻璃，里面展示着几块老式手表。我跪在地上，轻轻摩挲着修理箱，心中有一种敬意油然而生，或许这就是历史的厚重感吧。

　　当我问起外公这只钟表修理箱有什么故事时，他立刻流露出一种自豪感来。原来这只修理箱诞生于新中国成立前，第一任主人是我的太公。出生于清朝宣统年间的太公自幼家境贫寒，为了养家糊口，他跟着一位钟表匠学会了钟表修理。他经常拎着这只钟表修理箱走街串巷，为人们修理钟表。新中国成立后，开展了社会主义三大改造，太公带着它加入了手工业生产合作社。

　　1963年，13岁的外公小学毕业，由于生活拮据只得放弃升学，开始跟着太公学修钟表。"文化大革命"期间，外公在镇上的农具厂做工。后来，农具厂长又开了丝绸厂，外公当维修钳工。改革开放后，他积极响应国家号召，毅然辞职下海，成为小镇上第一个个体经营者。他带着这只钟表修理箱，开起了钟表修理店。外公精湛的修理手艺、诚信周到的服务态度，让小店生意兴隆，我们家还成了小镇上最早的万元户之一。20世纪90年代末，他又扩大业务，自学了修手机的手艺，赚得了第二桶金。

　　我听着外公的故事，眼前的钟表修理箱渐渐笼罩了一层传奇色彩。我抬起头，看到外公讲得容光焕发，苍老的脸上多了几抹青春的光彩。这只钟表修理箱不只是一只箱子，更是一段创业史、奋斗史的亲历者、见证者。

　　外公取出一块老手表，轻轻拧紧发条，秒针开始转动。我静静谛听着秒针的嘀嗒声，那像是时间奇妙的语言。内忧外患的旧社会里它这样走着，三大改造的红色年代里它这样走着，改革开放的春风里它依旧这样走着。谁能料到，一只不起眼的木头箱子，竟见证了新中国整整70年的变迁呢？当我再回首历史，脑海中的画面在不断变换：太公在茶馆里打开修理箱给钟表上油；外公童年时认真学着手艺，20世纪80年代在小店里低着头戴目镜拆装手表……历史，突然掀开了它的神秘面纱，轻轻对我微笑。这是我第一次觉得历史离我这么近，它不再是教科书上的条条框框，不再是图册上的黑白老照片，而是这只钟表修理箱串联起来的点点滴滴。社会主义三大改造、改革开放，不再是课本上生硬的概念，而是我祖辈们亲身经历的故事。岁月依然悠悠，历史却不再邈远。

　　我去拎箱子时，外公见状立刻伸手来托扶。这只箱子是他的珍宝，既是家传的物什，又是自己勤劳与智慧的见证。我很难想象，在改革开放初期，外公是以怎样的勇气，力排众议，坚持打破"铁饭碗"，白手起家的。他敢闯敢拼，成为改革开放的弄潮儿。外公的心始终年轻，他永远随着时代的浪潮奋力前行，与时俱进，勇于创新。外公这一代先行者艰苦奋斗、开拓创新的精神如星星之火，在如今大众创业、万众创新的时代，终成燎原之势。

　　我感觉手中的钟表修理箱很沉，这或许是家国情怀的重量。一只钟表修理箱承载着一个家庭由温饱到小康的艰难奋斗历程，也承载着新中国70年来的沧桑巨变。我第一次如此清晰地意识到家与国是紧密相连的。家是最小国，国是千万家。家国情怀是流淌在我们血脉里的精神基因。改革开放为外公创业提供了契机，千千万万如外公这样的时代弄潮儿用双手创造了今天的美好生活。我骄傲，因为我的祖辈们用辛勤的汗水浇灌出了幸福之花；我骄傲，因为我的祖国母亲正在迈向繁荣富强。

　　这只钟表修理箱已经老旧，但它蕴涵的精神历久弥新。

　　历史不只是一面反射往昔的镜子，更是一支指引我们走向未来的火炬。老物件不仅让我们寻找到了精神之根，还为我们铺就了通向未来的阳关大道。因为，唯有知晓自己从何处来，方可明白自己要往何处去。

　　历史是一支火炬，亘古熊熊燃烧，照亮我们的过去，也照亮我们的未来。

　　这只钟表修理箱激励我欣然接过历史的火炬，以满腔热忱踏上前行的路。

指导教师：杨熙铭

原载于《中学历史教学参考》2019年第11期

我家的一张老报纸

庄陈◎杭州学军中学2018级3班

在我外公家，有一个老旧的书橱，里面装满了各式各样的书籍，虽然不是绝版和珍藏版的书籍，但是装满了一家人的记忆。里面有外公用第一个月工资买的全套《毛泽东选集》，还有妈妈小时候看过的小人书。

小时候，还没认识字时，我就常打开书橱捣鼓、淘宝。外公宠我，历来不加限制，但他每次独独提醒我一句话："最上面那张报纸，任何时候都不许动！"说话时，往往是极少见的严厉表情。

我十分不解，且不解了好多年。

直到我小学毕业那一年的生日，外公亲自搬来椅子站上去，从书橱最里面小心翼翼地取出那张他提醒了无数次，而我只能远观不能近瞧的泛黄的老报纸。报纸外面包着大红色的封套，另外还用塑料封皮套包了三层。直到彻底打开，我才发现，原来是一张字迹都已经模糊、字体还是繁体的《人民日报》，报头的日期部位，赫然写着"中华民国三十七年六月十五日""星期二"。

外公郑重地对我说："这是民国时的报纸，是1948年6月15日出版的《人民日报》创刊号①，今天，外公将它作为生日礼物送给你，希望你们家好好保存，作为传家宝代代相传。"说完，外公又介绍说，这是他的父亲当年参加工作时读过的一份报纸，当时，新中国还没正式成立，但是，当时所有读过这张报纸的人都清楚，新中国很快要成立了，中国人民要重新站立起来了。

当时还是小学生的我，之前基本没接触过繁体字，只能在《人民日报》创刊号上努力辨认每一个字词，不懂之处还需要找外公问询，经过一周时间，总算是辨认出大部分内容了。

微微泛黄的纸面无声地流露出历史的厚重感。正面第一行是由毛主席亲笔题写的报头，字体苍劲有力，首尾呼应，和谐一致。民国三十七年，中国大地上发生了什么？曾经亲历的人们如今大多已经年逾古稀，但这张报纸忠实地记录下了当时中国发生的大事。

当天的头版头条消息是《晋冀鲁豫、晋察冀两大解放区合并——华北解放区正式组成》。右侧是社论《华北解放区的当前任务——代创刊词》，内容包括为什么要将晋冀鲁豫、晋察冀两大区合并为统一的华北解放区，华北解放区的内部条件与外部条件，两大解放区合并的好处，华北解放区的任务和

---

① 1948年6月，中共华北中央局决定晋察冀区《晋察冀日报》与晋冀鲁豫区《人民日报》实行合并，沿用《人民日报》报名，统一出版该报。该报受命于6月15日创刊。（来源于人民数据库）

工作方针。这无疑是一篇重要的历史文献，由周扬（原晋察冀中央局宣传部部长）、张磐石（原晋冀鲁豫中央局宣传部副部长）执笔。

报纸无声，但是带给我很多问题，其中不少问题是随着我年龄的增长才有答案的。

比如，初中时，我一直在想，共产党和国民党相比，在军队人数、军事装备上并没有占优势，可是为什么能一鼓作气解放了全中国？我开始是不理解的。后来问过爸妈，问过历史老师，他们都告诉我说，是老百姓都支持共产党，得民心者得天下。

再后来，读高中了，我读到一个历史故事，就是著名的民主人士黄炎培回忆的他和毛泽东主席关于国家兴衰周期律的"窑洞对"：黄炎培称各朝各代都没有跳出"其兴也勃焉，其亡也忽焉"的历史周期律，中国共产党如何"来跳出这个周期律的支配"？毛泽东庄重地答道："我们已经找到新路，我们能跳出这周期律。这条新路，就是民主。只有让人民来监督政府，政府才不敢松懈。只有人人起来负责，才不会人亡政息。"

中国共产党诞生在浙江嘉兴南湖的一条船上，当时全国只有50多名党员；如今，中国共产党已经成为一个有着9000多万名党员，在占世界人口五分之一的国家长期执政，并且领导国家达到现代化发展水平的世界第一大政党。作为一名青年，我也期待党变得更强大，领导国家变得更加强大，让中华民族的复兴之梦早日实现。

今天，这张《人民日报》创刊号，还是完好无损地存放在我家的书橱里。如果它有感应，它一定知道，我现在一直有的读书、看报、听新闻的习惯，就是从反复认真看这张已经70多岁的老报纸开始的。

国之重器，家之传宝，人之精神，我们中学生通过学校组织的这次活动，重温了历史上伟大而庄严的瞬间，见证了国家发展、社会进步的历程。

　　陪伴我成长的《人民日报》创刊号，这份泛黄的报纸承载着祖辈们殷切的期许，是中国革命波澜壮阔的忠实记录。我们应珍惜现在的美好生活，在中华民族的复兴道路上继续前行。

指导教师：金丽君

原载于《中学历史教学参考》2019年第11期

小物件，大历史

胡晰◎杭州学军中学2018级1班

当我们拿出各自带来的老物件，郑重地放在讲台上，向同学们诉说前辈们的点滴记忆时，我们的眼中闪着光，因为我们看到了家庭的过往，也看到了中华人民共和国70年历程的宏大与壮阔。

为迎接中华人民共和国诞辰70周年，学校组织了"新中国·老物件"系列活动。老物件们先在学校集中展出，然后走出校园，在杭州西湖博物馆向社会公开展示。走出家庭、走出校园的老物件承载着沉甸甸的家族记忆，一件件不起眼的小物件串起了一个国家从初生到欣欣向荣的70年的大历史。而同学们找寻老物件、参与活动的过程，就是感受历史、接受教育的过程。

我也找出了爷爷的老照片和徽章。爷爷生前留下了三枚徽章，分别为抗美援朝纪念章、华东军事政治大学纪念章和1957年全国田径运动会第一名奖章。照片中的爷爷或身着有"八一胸章"的运动服，意气风发；或身着戎装，英姿飒爽；还有两张是爷爷在撑竿跳时奔跑和起跳的定格照片。阳光洒在绿茵场上，爷爷是那么年轻、充满活力，光阴仿佛不曾流逝。

一、身边的历史

1949年5月，爷爷考入华东军事政治大学。1952年8月，爷爷随24军受命奔赴朝鲜参战，后奉命回国参加了第一届全军运动会，在撑竿跳高项目中取得优异成绩。1957年爷爷又作为解放军代表队队员参加了新中国第一届全国田径运动大会，获撑竿跳高乙组冠军，受到了贺龙元帅的接见。此后，爷爷多次作为解放军代表队队员参加中苏、中法友谊赛。这些徽章记录了爷爷早年的成长历程，而那枚抗美援朝纪念章尤其珍贵。爷爷生前曾多次回忆，当时与他一同到朝鲜的很多官兵都牺牲在战场，他经常梦见当年的战友，哪怕在后来最艰难的岁月，他也不曾忘记这些战友，想方设法探望这些烈士的家属。

我曾经以为，历史是属于上一代人的遥远记忆，却不知历史就活在我们身边，它静静地待在家庭的某个角落里，像沉寂于大海中的珍珠，等待着我们将它发现。这些遗物和照片，此前分别被珍藏在爸爸和大伯手里留作纪念，学校组织的这次活动，让它们又团聚在一起。这次活动让我第一次认识到这些老物件对我们家庭的珍贵意义，它们代表着老一辈人的精神与传统，让我们用心灵的眼睛去回望老一辈人所经历的峥嵘岁月，用一颗善于发现的心去寻找家庭历史的印迹。

二、凝聚的历史

爷爷的徽章被陈列在博物馆的展柜里，它们静静地躺在那里，凝结着"最可爱的人"的鲜血，向观众诉说着光荣与梦想。凝视着这些徽章和照片，我的思绪也被拉回到年轻的共和国成立之初那段激情燃烧的岁月。我忽然意识到这虽然是一段平凡的家史，却见证了共和国一段不平凡的历史。

爷爷虽是一个平凡的普通人，但只要用心感悟，就可以于平凡处见伟大。爷爷的徽章反映的正是中华人民共和国成立之初的一系列重大历史事件。比如，抗美援朝纪念章见证了年轻的共和国不畏强权捍卫新政权的坚强决心；华东军事政治大学纪念章正面镌有其前身抗日军政大学（陈毅元帅曾担任校长）的校训"团结、紧张、严肃、活泼"，是新中国成立之初军队建设的重要见证物；1957年全国田径运动会第一名奖章则见证了新中国体育事业的发端。

徜徉在博物馆展厅里，我与来自许许多多同学家庭的老物件默默对视。根据时间脉络，同学们家庭中的老物件被精心安排在相应的展览板块里，比如新中国成立初期的抗美援朝纪念章，土地改革中的地契，社会主义三大改造中的房契，"两弹一星"纪念章，上海牌手表，反映"上山下乡"的草扇，反映计划经济时代的各类票证，反映恢复高考制度的大学录取通知书，反映通信技术进步的BP机、大哥大、手机，反映"北京奥运"的纪念币、邮票……

我惊叹于历史细节的丰富与博大。这些老物件，一件件来看，透着家的温情；汇聚在一起，就是一篇记录着新中国70年历程的宏大史诗。原来历史的宏大是由一个个片段组成的，它不是遥远的"过去"的代名词，而是由每个家庭、每个个体创造的。原来历史从来不曾远离我们的生活，它一直与我们同行。

三、鲜活的历史

虽然我小时候就听爸爸讲述过爷爷参军和参加全运会的故事，但如此细致地研究这些徽章的细节，为它们记录下详细的信息，研究它们背后的历史，真的还是第一次。在寻找老物件的过程中，我也曾生出疑问：老物件就是古董吗？老物件就是很值钱的东西吗？随着活动的深入，我渐渐明白了，我们要寻找的老物件不在于其是否贵重，而在于其意义。老物件所承载的是鲜活的、具象的历史，它与历史学的唯物史观不谋而合。而研究和记录的过程，不知不觉就是一次历史教育。

"历史很热，历史学很冷"曾是一个让人困惑的现象。如何让历史学习变得生动有趣，让历史变得真实可感，是个费解的难题。这次由学校发起，师生们共同参与的家藏老物件展示活动是一次前所未有的尝试，它将书本上的那些历史知识从白纸黑字中抽离出来，立体地展现在我们面前，不仅让我们感受到原来历史学习可以这么生动鲜活甚至惊艳，也让我们的心灵受到洗礼。

在学校和老师们的精心组织下，我们在紧张的校园学习之余，走出课堂，来到博物馆，走向社会，参与志愿讲解服务，向参观者讲述老物件背后的故事和它们所承载的历史。我们甚至参与了博物馆布展工作，根据博物馆展品解说的要求为各自家庭中的老物件撰写详细的说明文字，这些文字被原汁原味地陈列在博物馆里，让我们感到兴奋，并真正体会到以物说史的乐趣。我们对历史的认知有了质的飞跃。

什么是历史？历史是过去，也是现在，更是未来。拥抱历史，才能更好地拥有未来！

指导教师：金丽君

原载于《中学历史教学参考》2019年第11期

一封来自熨斗家族的信

茹祎◎杭州学军中学2018级7班

亲爱的学军人：

你们好！我是熨斗家族的大哥，因为"我眼中的70年——学军中学学生家藏老物件展"，我们熨斗三兄弟可以在杭州西湖博物馆中回首往事，拂去身上的尘土，用自己的思绪，带领人们感受祖国70年来的繁荣昌盛、社会变迁。下面就给你们讲讲我的故事！

大抵是60多年前了吧，那时我以一个笨拙、庞大的身躯出现在了案桌之上，长得像个大型的汤勺，简单得有些可怜。木质的手柄、铜质的斗身，特有质感。我日日在脚踏缝纫机有规律的节奏中入睡，又夜夜被剪刀兄弟裁开布料的声音唤醒，看着黑白的线在朴实的衣服上飞舞。当新衣制成之后，才用得上我为它熨烫修整，颇有几丝收官的意味。

日子一天天过去，平淡而幸福。一日，一个约莫十六七岁的男孩走近了我。他个子不高，面色有些苍白，人瘦削得很，一看便知他做不得什么都要力气的农活，家中也并不富庶，所以来学点裁缝手艺，也好谋个生计，养家糊口。

他初来乍到，人事皆疏，以学徒的身份住了下来，学着穿针引线，帮着裁剪布料，熟悉衣料样式，他怯生生的脸上总是带着腼腆而纯朴的微笑。第一次使用我的时候，他按照师傅的要求，拿着少许稻秆，折成小段放进我的斗身，用火柴点燃，再放入一些小桑树条，利用铜身的热度把衣服熨烫平整。他一边小心地往衣服上均匀地喷水，一边缓慢地将我移动。那时，我浑身滚烫，有时还带着些火焰的爆鸣之声，他得不断用嘴吹气，使我不会太烫也不会太冷，对一个新手来说，真是不易！那时候的我因为要用到火，所以又被称为火斗。

2年就这样过去了，师傅把我作为临别礼物送给了他，他便算出师了。但他还没有独立开店的能力，只能是走村串户去人家家中做衣服。他挑着缝纫机（那时的缝纫机部件是可以分开的），带上我和我的小伙伴，有时要走上十几里泥泞的乡间小路，无论寒暑，无论风雨，少则一天，多则三四天，虽说日子清苦劳累，但他不曾有过抱怨。

慢慢地，乡村里通了电，我有了熨斗弟弟。它有着不锈钢主体、塑料把柄，看上去像个光闪闪的铁疙瘩，插上电即可使用，当然价格也是不菲的。当时断电是常有的事，特别是在农村"双抢"时，所以我还是经常会被拿出来使用。他参加的农业劳作不多，算是生产队的单干户，因此每年还得交给生产队一定数量的钱。

到了1980年前后，农村的经济体制改革逐步推进，一些乡镇企业兴起，他便来到村里的集体缝纫企业工作，终于有了组织，工作条件和薪水都有了很大的提升！乡村中也有了稳定的供电，形势所趋，我光荣退休了，被细心地珍藏起来。

1990年，乡镇企业倒闭，他便随着乡里的大潮去新疆给人做衣服，我的熨斗弟弟也随他前往。可能是不适应环境，1993年，他生了场大病，就又回到了家乡。

幸运的是，这时非公有制经济慢慢出现，他便在镇上的私营小作坊做工。我的钢兄弟使用起来还是不够便利——一是太重，二是随着温度不断升高要不时地在衣服上喷水。随着技术的发展和生活条件的进步，我的三弟来了，它有着塑料外壳，能够自动喷水，轻巧灵便，熨烫的衣服不管是颜色还是式样都越来越丰富！

同学们，我的故事讲完了。

现在，我们三兄弟都静静地躺在展柜中。如今已经有了更先进、更智能的熨烫用品，我们三者就成了熨斗发展历史的见证者；我们身上也投射了祖国70年来经济的发展、人民生活水平的提升。

历史不仅仅呈现在书本上，还体现在我们这些小小的物品中。每个人点点滴滴的生活小事，拼成了波澜壮阔的历史画卷。我们和你们都是历史的回望者，也是历史的见证者，更是历史的书写者、创造者。新中国70年的壮美史诗已经写就，之后的历史将由你们创造！

祝你们越来越幸福！

写信人：熨斗大哥

2019年7月4日

指导教师：徐小慧

原载于《中学历史教学参考》2019年第11期

"两弹一星"

新中国发展的里程碑

李嘉闻◎杭州学军中学2017级10班

　　我的外公、外婆收藏了很多毛主席像章，其中有一枚是20世纪70年代制造的"两弹一星"纪念章。可别小瞧了它，这可是一枚"高颜值"的纪念章哦！这枚纪念章的正面图样由一道弧线划分为两部分：左侧是一颗人造卫星从地球上优雅升空，运行在青蓝色的星空之中；右侧一朵蘑菇云缓缓升起，在鲜红色的背景中显得雄壮有力；右下方有金色的"毛泽东思想伟大胜利"字样；整枚纪念章有金色镶边，背面有别针。应该说，"两弹一星"工程是新中国在科技领域取得重大成就的重要标志与见证，其体现的精神与意义在今天显得尤为重要。

　　1949年10月1日下午3时，当毛主席在天安门城楼上向全世界庄严宣告"中华人民共和国中央人民政府今天成立了！"的时候，新中国仍处于一种非常贫穷、落后的境况中，百废待兴。紧接着，1950年10月，抗美援朝战争开始，一直持续到1953年的7月才结束；新中国成立后的头10年时间里，世界上仅有二十几个国家予以承认及建交……不得不说，新中国及中华民族在这个时间段内处于极端严峻的历史环境之中。只有自身足够强大，才能保卫国家的安全、和平，促成国家和社会的稳定繁荣发展。因此，在20世纪50年代中期,中共中央及中央军委提出了独立自主研制"两弹一星"的国家战略决策。"两弹一星"指的是原子弹、导弹和人造地球卫星,它们代表着一个国家的整体自卫防御水平和科技水平,其研制涉及国民经济的所有技术领域和生产部门。当时有大批的科学家以身许国,在国外的很多科学家也克服重重困难回到祖国,义无反顾地投身于"两弹一星"的伟大事业中,如邓稼先、钱学森、钱三强、姚桐斌、程开甲、于敏等,他们都为新中国的"两弹一星"事业献出了自己的年华与智慧。

1964年10月16日下午3点,在新疆罗布泊,一道炫目的白光闪过后,巨大的蘑菇云腾空而起,我国第一颗原子弹引爆成功,中国成为继美国、苏联、英国、法国后第五个拥有核武器的国家;3年之后,1967年6月17日,我国第一颗氢弹成功引爆;再经过3年,1970年4月24日,一曲《东方红》响彻寰宇,中国用自制火箭发射了"东方红一号"卫星,标志着我国掌握了人造地球卫星技术,成为世界上第五个掌握这种尖端科学技术的国家。"两弹一星"的成功发射,是中国人民攀登科学高峰的奇迹,促进了新中国的安全稳定,是新中国发展史上一座高耸的丰碑……

"两弹一星"的成功所体现出的精神和意义,值得每一位中华儿女骄傲,也值得每一位中华儿女尊重和学习。其中蕴涵的宝贵精神财富,激励我们永不懈怠!一方面,"两弹一星"象征着伟大的成就,值得世人瞩目的成就,值得国人骄傲的成就;另一方面,"两弹一星"所体现出的伟大的爱国主义精神、无私奉献精神、自强不息精神,将成为华夏儿女奋发图强的不竭动力!今天,怀着中华民族伟大复兴的崇高梦想,在向着"两个一百年"奋斗目标高歌猛进的同时,我们更应铭记那段可歌可泣的历史,铭记那种无怨无悔的奋斗精神!

指导教师:谢志龙

计划经济时代的"第二货币"

潘柯宇◎杭州学军中学2017级10班

在绍兴老家，我的奶奶保存旧物的一个匣子里，有几张泛黄的小票子，虽然年份已久，上面印刷的精美图案仍然清晰——它们是承载着几代国人特殊记忆的"粮票"。

没有粮票，寸步难行

20世纪50年代，新中国通过第一个五年计划和社会主义三大改造，逐步建立起计划经济体制。在计划经济的时代背景下，不只是粮食，许多商品都要凭票供应。起初票证主要用于购买食品，如肉、蛋、蔬菜等；后来票证的使用范围扩大到生活用品，如棉花、布匹、缝纫机等；最多的时候，全国流通的票证有近千种，几乎覆盖了生活的方方面面。以上四张粮票很有代表性，最早的一张发行于1966年，最晚的一张发行于1990年，几乎跨越了整个票证经济时代。其中三张是浙江省地方粮票，一张是全国通用粮票，票面单位是市斤和市两。当时，粮票分全国通用和地方流通两种，全国粮票能在全国范围内通行，而省级粮票、市级粮票和县级粮票只能在各自的行政区域内流通，不能跨区域使用。据奶奶回忆，那时候想要出差，先要用地方粮票换上一定数量的全国通用粮票才能出门。不然，即使有钱，在外地也不容易买到食物，所以全国通用粮票是名副其实的"硬通货"。

再见粮票，经济腾飞

票证是特殊历史条件下的产物，随着生产力的发展，特别是改革开放的伟大实践，票证也逐步退出历史舞台。1978年，党的十一届三中全会召开后，农村逐步放开了粮食交易。农村包产到户改革极大地解放和发展了农业生产力，粮食短缺的现象迅速得到改善。曾经严格的票证制度开始松动，国家逐步缩小了消费品定量配给的范围。到1983年，由国家统一限量供应的只有粮食和食用油两种。随着居民手头存积的粮票越来越多，粮票渐渐具备了流通货币的功能，可用来兑换商品。20世纪80年代中期，经济特区深圳率先取消了粮票制度，并取得巨大成功。1992年，广东省率先放开粮食自由交易和自由价格；1993年初，其他各省市开始陆续取消粮食"统购统销"的制度；到1993年底，全国95%的地区开放了粮食自由销售，粮票制度取消。计划经济体制下长达近40年的"票证经济"宣告结束。

从20世纪的"票证时代"到21世纪的"无现金支付时代"，新中国正朝着全面建成小康社会不断奋进。粮票，一张薄薄的纸片，见证了一个国家从物质贫乏到经济繁荣的沧桑巨变。习近平总书记在庆祝改革开放40周年大会上讲道："粮票、布票、肉票、鱼票、油票、豆腐票、副食本、工业券等百姓生活曾经离不开的票证已经进入了历史博物馆，忍饥挨饿、缺吃少穿、生活困顿这些几千年来困扰我国人民的问题总体上一去不复返了！"

如今，粮票不仅是收藏品，更是研究中国现代经济史的重要实物资料。作为历史的载体，它仍不时唤醒国人的珍贵记忆。

指导教师：谢志龙

农奋于时，党章鉴心

吕骐瑶◎杭州学军中学2017级11班

整理爷爷遗物的时候，我们在他摆放珍贵物品的抽屉里发现了码放好的五本党章。他在1977年3月27日购买的第一本党章的扉页上，记录了入党的各个时间节点：1979年3月28日第一次谈话，1979年9月21日第二次谈话，1979年9月22日被公社批准成为预备党员，1980年9月30日正式成为一名光荣的党员。对党对人民的热情，贯穿了他的一生。

1959年，随着人民公社化运动的开展，大队食堂开办起来，15岁的爷爷成了食堂会计。食堂开办之初，兴奋的人们"放开肚皮吃饭"，粮食浪费严重；同时，社员生产积极性下降，粮食产量降低，大队的存粮快速消耗。到1960年，饭烧得越来越稀。在最困难的时候，为了米饭能膨胀得大一些，会把米煮熟晒干后再煮，但是人终究吃不饱。爷爷和其他村干部会一起到几十里外的嵊县黄泽、甘霖一带田地较多的平原地区借粮。作为食堂会计，精打细算让全队老小吃上饭是一件多么艰巨的任务，这既是对自然的挑战，又是对人情的磨砺。爷爷不仅积累了作为会计的工作经验，同时也从一位稚嫩孤苦的少年逐渐成长为独立自强的青年。1962年，大队食堂解散。同年，18岁的爷爷和邻村19岁的奶奶结了婚。

食堂解散后，爷爷随邻村的老师傅学习建筑技术，成了一名泥水匠。白天他外出到农户家打墙造坟修路，晚上回家则做起生产队的会计工作：评工分、记账。1966年，"文化大革命"开始。当时新昌的红卫兵组织分为"联总""联委"两派，爷爷参与了查账、写大字报，还保护了公社干部。爷爷的能力和为人得到越来越多人的认可，1972年，公社让爷爷负责筹建八一公社手工业社，担任主任及孟家塘乡建筑队队长。

在爷爷外出打拼的时候，奶奶除了参加生产队的集体劳动外，还利用早中晚的休息时间搓草绳、打草包。草包是用稻草编织而成，用于预制品厂内水泥制品的保湿。当时粮食还是会有不够的时候，但在奶奶的精心安排下，一家六口人基本能吃饱，偶尔也吃一些番薯粥。艰难起步中，小家庭慢慢变得像模像样，家里也盖起了三间瓦房。

1978年后，乘着改革开放的春风，整个新昌县的集体经济发展迅速，县里开始办起了工厂，爷爷紧抓机遇，带领乡建筑队迎来了发展的黄金时期，成为全县建筑行业的出类拔萃者。在20世纪80年代的全盛时期，建筑队有员工近500人，随着规模的不断扩大，建筑队也添置了大量机械设备，办起了水泥预制品厂，建起了办公房。建筑队的发展史是全县经济跨越式发展的缩影，也正是全中国人民迈入改革开放新时代的缩影。

难以想象，一个仅仅念完高小的人，是如何将一个偌大的组织管理得井井有条的。事实上，爷爷深知自己的不足，他在工作实践中从未停止过学习，掌握了工程预决算、施工图绘制、会计、出纳等各类知识。他拿起砖刀筑墙上梁，拿起纸笔做预算写文章，面对上级能自信表达，面对工人能体恤关切。他的为人处世，施工、管理经验常常受人称道。

1982年，新昌实施了家庭联产承包责任制。爷爷家分到三亩水田、六亩旱地，由于爷爷常外出工作，抢收抢种外的日常农活主要是奶奶带着孩子们完成的。那年秋天，丰收的粮食装满了谷柜子，全家兴高采烈地前拉后推着手拉车去交公粮。"交完国家的，留下的都是自己的"，余粮三年都吃不完。1985年，浙江取消统派购制度，新昌农村掀起一阵养猪、养兔、种苎麻的热潮。当时孩子们放学后的第一件事就是去割草给兔子吃，田野、山坡上的草都被割得光秃秃的。猪吃的饲料主要是番薯、野草、糠和蚕蛹。糠当时每斤2分钱左右，蚕蛹也很便宜，便整车买来晒干磨成粉，给猪补充蛋白质。改革开放确实极大地提高了农民生产的积极性，农民收入快速增长起来，村子里好多人家盖起了二层楼房。1983年，爷爷家盖了一幢二层楼的房子，他还花了1080元买了村里第一台彩色电视机，是日本进口的夏普牌，最多时村里有一百五六十口人来爷爷家里观看《碧玉簪》《梁山伯与祝英台》等越剧片，看电视几乎成了全村人的固定娱乐活动。1988年，爷爷家又盖起了村里第一幢三层楼的房子。

爷爷的人生经历是和新中国的发展紧密联系的。他是一位时代弄潮儿，在嗅到改革开放的气息后，他大胆地带领建筑队发展，在时代大潮中，展现出自己的力量。他是一位坚毅乐观的人，白手起家却从不言困苦，甚至在临终的病床上仍鼓励病友们抗争。他是一名优秀的共产党员，一生奉献，心系群众，始终以一名共产党员的标准严格要求自己，以饱满的精神投入社会主义现代化建设。

孟子曰："天下之本在国，国之本在家，家之本在身。"个人的成败、家庭的兴衰和国家的命运紧紧连在一起，身在历史洪流中，一个普通人常常被裹挟、被推动，个人所能做的，就是要坚韧不拔、自强不息、与时俱进、开拓创新。在职业的选择、发展方向上要结合实际，顺应潮流，走特色之路，才能勇立潮头，不被时代所淘汰。

指导教师：杨熙铭

老物件的小故事

曾泽州 ◎杭州学军中学2017级12班

　　我家的老物件是一顶纯手工缝制、带有银帽花的小孩帽。据母亲说，这顶银花帽有点年头，已经传了五代人了，最早是我的太婆的陪嫁物品之一。

　　帽子不大，衬着夹层，泛黑且厚重。帽檐前面和帽子顶端各绣着一朵盛开的花，两边各有一个下挂帽耳。帽子一圈钉着12片大小不一的精致的银饰品，有字有花有鸟，有人物有仙鹤。字是一个组合字：上雨中车下耳，左水右刀，据说这个字有辟邪的作用，我在《新华字典》里没查到。整个帽子的寓意大概就是四季如春、花好月圆、富贵长寿。

　　我的太婆出生于1922年，她是一个非常传统的小女人，小巧玲珑的身材、一双小脚，一生都穿着对襟小衫，梳着发髻。由于脚小，她走起路来一

摇一晃的。

太婆生了许多孩子，她一直待在景宁县英川镇的山村里相夫教子。她没有文化，也没有出过远门，一生去过的最远的地方就是县城里我外婆的家。

太婆说她最幸福快乐的时光大概就是孩童时期。她的娘家在小山村算是富裕的人家，我的太太公是个聪明能干的人，常年做贩卖木头生意。山村多木头，太太公就把木头钉成长长的木筏，沿着梧桐坑、小溪，走水路一直漂到温州，然后在集市中卖掉木头，买干带鱼、干目鱼等干海鲜和海带回来，再贩卖给周边村庄的村民。那段时间虽然正值乱世，但太婆家的生活倒也过得不错。

太婆小时候生活无忧、不干农活，对她来说，最苦的事就是缠足了。当时流行"三寸金莲"，女孩在七八岁的时候就得缠足，用布一圈一圈地将脚包得紧紧的，限制脚继续生长。她说刚开始缠足的时候非常痛，整天闹个不停，她的父母不忍心，就放松了一两天，然后继续缠上，这样来来回回，虽没有变成"三寸金莲"，但脚变畸形了。

后来太太公生病了，家道中落，生活失去了依靠的太婆，十七八岁时嫁给家境非常贫穷、在家种田的太公。她从此过上了养儿育女、洗衣做饭、种菜养猪的日子。她一共生了九个孩子，养活了四男一女。由于家底薄、孩子多，一大家子节衣缩食，生活过得很清苦。

我的外婆和新中国同岁，出生于1949年11月。她是家中长女，平时要照顾弟妹，还要在田里劳动。因为家里穷，她就只上到小学三年级，现在她常说的一句话就是"你们要好好学习，不要像我一样吃了没文化的亏"。

外婆长得漂亮，是当时的村花。她结婚时，我的外公是全村唯一一个在外面当兵的人。这顶银花帽是太婆送给她的一个嫁妆。

外婆后来在县城里找了工作，还有了一套小小的单位福利房。她现在和我们一起生活在杭州。

外婆将银花帽传给了我母亲，母亲说要将它传给我，让它一代一代地传承下去。

　　银花帽见证了几代人的生活，它从积贫积弱的旧时代走进繁荣和谐的新时代，从山村走进城市，见证了新中国改革开放、现代化建设的成果，希望它能见证我们这一代继续超越上一代。

指导教师：颜先辉

"南极之光"

屈优优◎杭州学军中学2017级12班

2019年10月14日，我国第一艘自主建造的极地科学考察破冰船——"雪龙2号"正式向公众亮相，它将先行启程，与随后出发的南极科学考察功勋船——"雪龙"号共同执行我国第36次南极科学考察任务。

南极科学考察，是改革开放之初举国上下关心瞩目的一场壮举。从那时起，中国这个"南极科学考察的后来者"每年都派出科学考察队，探索那片神秘的大陆。中国正在南极建设第五个科学考察站，并不断深化南极科学考察的国际合作。我国极地科学考察从无到有，经历了跨越式发展，在中国迈向科技强国的征程上留下了坚实的脚印。

我的外公是中华人民共和国自然资源部第二海洋研究所的科研工作者。外公毕业于山东大学物理系大气物理专业，他以首席科学家的身份参与了我国首次南极科学考察，是这一伟大历程的亲历者和见证者。这些老照片中不仅珍藏着老一辈探险者的回忆，更激励着新生代科学家的雄心。而这只手表是一只特殊的国产上海牌手表，背面刻有"1984年中国首次南极考察"字样。它经受住了南极最低气温-88.3℃的考验，在防水、防磁、防震、指针位差、实走日差、延续走时等性能方面各项指标正常。

1984年11月20日，"向阳红10号"远洋科学考察船从上海出发，中国第一次南极科学考察由此开启。在普通人去南极旅游都不是难事的今天，人们恐怕很难想象中国第一支南极科学考察队巨大的探险勇气。队员们出发前曾写下誓言：如果在南极科学考察中不幸牺牲，就将遗体安放在那片冰雪大陆。

这种"壮士一去不复返"的悲壮心情不是没有来由的。当时的南极科学考察对中国科学家来说是一片空白：航线要自己探索；南极冰盖上没有我们的落脚点，一到就要建科学考察站；进入南大洋，没有卫星云图，全靠经验观察判断天气很难躲过密集的气旋……

南极大陆平均温度约-25℃，最低温度约-88℃，科学考察船在大风大浪中像是一片树叶，在南极的暴风区中随着海浪上下起伏剧烈颠簸。

科学考察工作是艰苦的，但是队员们都有革命乐观主义精神。科学考察船从地球的北半球走到了南半球，通过了赤道，为了庆贺这一胜利，船上所有人在飞行甲板上举行了过赤道典礼，总指挥给每位队员颁发了横跨赤道证书，四名年轻科考队员还化装跳起了"驱鬼舞"。此情此景，令人难忘。

经过种种艰难困苦，在1984年12月25日午夜，"向阳红10号"终于驶向乔治王岛，把鲜艳的五星红旗插在了南极大陆！1985年2月20日，中国在南极的第一个科学考察站长城站建成。经过35年的努力，现在已有五个科学考察站，分别是长城站、中山站、泰山站、昆仑站、罗斯海新站。2019年还开启了"双龙探极"时代。

30多年来，南极科学考察队队员掌握了卫星云图等大量数据。现在有了海事卫星电话，队员的手机上也装着名为"海事通"的软件，和家里人联络不再成问题。外婆说，1984年外公去南极考察时，她是每天通过收音机听

《新闻联播》才能得知考察进展的。

　　30多年来的30多次南极科学考察取得了大量宝贵资料，为我国的国防建设、经济发展，为建设海洋强国，实现中国梦，奠定了基础。"可上九天揽月，可下五洋捉鳖，让五星红旗在南极大陆高高升起"是全体中国人民的共同心愿！

指导教师：颜先辉

历史的镜子

翁心悦◎杭州学军中学2017级11班

1963年的冬天，一对镜子正式入驻了我的家庭。

那时候，外公是新中国成立后前几批的凤毛麟角的大学生，从某师范大学数学系刚刚毕业；外婆是供销社的女员工。在当时闭塞的秦岭一带的小村庄，他们成了村里第一对自由恋爱结婚的"时髦人"。大婚当日，邻居送来了一对精致的梅花形状的木质镜子。

于是，这对镜子见证他们结婚，跟随他们从乡村搬到城市，见证家里三个孩子的出生。外婆在烛光下数着粮票的身影，子女相继为高考复习的忙碌，外公支持本来考上中专的妈妈选择继续读高中的坚定……这些都是镜子所见证的生活场景。一家人的生活在国家命运的转变中也渐渐变得富足。

一家人在镜子的照映下共同生活，油米醋茶，平淡温情。

镜子说：它见过1980年的一个深夜，外公借了一辆平板车蹬了好几公里，把生病的外婆送到大医院；它见过1990年的夏天，高考失利的舅舅在外公的鼓励下又一次进入考场；它见过外公、外婆在昏黄的灯光下斟酌着给在外地上大学并发来恋爱通告的妈妈回信——"凡天下父母，收到这样的消息，心情总是复杂的，我们只是突然反应过来，连小女儿也长大了。"

1990年老二（我舅舅）去山西读大学；1991年老大（我姨妈）出嫁；

直到外公因重病离开人世，1996年我妈妈从黄土高原嫁到遥远的浙江海岛——这些可选择或不可选择的，或喜或悲的事情陆续发生，镜子见证着这一切。

外公去世了，镜子失去了它的第一位男主人。妈妈远嫁的时候没有带其他的什么东西，只是求了外婆让她把这对陪她长大的镜子带到南方去，于是这对外公、外婆结婚时收到的镜子，正式在我爸爸、妈妈结婚时入驻了我们现在的、在杭州的家。

等到我见到它们的时候，它们已经很老了。镜面被磨得光影模糊，镜身上的花纹褪成了暗淡的古色，底座上还坑坑洼洼的——据说是被老鼠啃咬的痕迹。

现在算起来，它们竟然也陪了我17年了，一如她陪伴妈妈的童年一样。我以前天天从它面前经过，时而对着它整理头发，丝毫不觉得它有多么"老"，有什么"特别"——在我深入了解它的故事以前。

现在，我才后知后觉地意识到，它不仅仅是外婆生命中的镜子、妈妈生命中的镜子，原来也是我生命中的镜子——它还将承载未完待续的故事。

日月无声，白云苍狗，叹物是人非。

所幸，"物"仍在。

沉默的镜子永远不懂得离别。它不知道那个骑着28英寸永久牌自行车每天接送妻子上下班的男人是如何坐进轮椅里又如何离世；它也不明白那个眨着大眼睛喊着"我当然是要上高中啊"的小女孩是如何渐渐成熟稳重起来，又如何在遥远的他乡抱着回忆走过半生岁月。镜子里从来没有那些离去的背影，却有一桌桌热腾腾的饭菜，深夜填志愿的商谈，细水长流的亲情、爱情和兄弟姐妹天真烂漫的童年。生命中的那些至柔情与至琐碎，是隽永的朴素而真挚的温暖。

沉默的镜子永远看不懂那些写在历史书上的文字，它不认识"公社"等字眼，也不甚明白"改革开放"的内涵。它的印象里有外婆深夜在烛光下为商品粮发愁的神情，有外公紧张地谈起身边同事被批斗的场景，有家里越来越多的家具和新事物，还有陆陆续续上了大学的孩子们。

它看到的太多了。它记得的太多了。

也许十年生死两茫茫，但镜子里映出的依然是花好月圆新嫁郎。

也许远嫁他乡为人母，但镜子里留下的永远是马尾辫儿小姑娘。

那些被人们怀念或渐遗忘的，那些被引以为快乐或微苦涩的，历史的镜子永远记着。

镜面深处是细密交织的逻辑和联系，是所有存在必然的可能性，以及由每个家庭的生活点滴组成的大的时代。

这是历史的镜子。于近处，看见个体；于远处，照映时代。

指导教师：杨熙铭

沉淀的岁月，映照未来

瞿钰洁◎杭州学军中学2018级1班

人们常说"以史为鉴"——历史，是一面明镜，让人明是非，明得失。在新中国成立70周年的特殊时间点上，同学们家藏的老物件以其鲜明的历史代表性，向我们展现了当时的时代特征与历史的变迁，在横无际涯的时间之海为我们辟出了一条航道，指引我们向着正确的方向前行。

当我第一次从外婆手中接过一枚略显黯淡却保存完好的毛主席像章时，我从它那朴实的色泽中感受到了沉甸甸的分量。由于当时生产力水平相对较低，这枚像章中的毛主席的半身像塑造得并不算逼真，但依稀可见中国人民伟大领袖的灼灼风采。整枚像章以红色为底色，让人联想到国旗、党旗的鲜艳。像章图案上有一排将要起飞的飞机，气势恢宏。

当外婆用一种近于无奈又无限感慨的语气诉说这枚像章是"文化大革命"时期得来的时，它似乎多了一种历史的沧桑感。外婆苍老而略沙哑的声音拂去历史的尘埃，沉淀的岁月如同一幅画卷。

我仔细地端详着这枚普通却又饱含沧桑的像章，它鲜红的色彩似乎在无声地诉说些什么。它就像一枚银币的两面，镌刻下历史的沉重，也写下人世的变迁。它警醒我们铭记历史，把社会主义经济建设放在中心位置，积极致力于中国特色社会主义的建设，使国家向着更富更强的未来发展，努力提高我国的国际地位。历史的车轮滚滚向前，我们的眼睛要看向遥远的未来，也不能忘记回顾历史。

不仅仅是这枚毛主席像章，其他各式各样的老物件也以其独特的形式向后世的人们展示了新中国发展历程中的印迹。经过岁月的沉淀，它们变得更有意义。它们是时代的缩影，在反映历史进程的同时，还为我们展现了历史发展的潮流，指明了前进的方向，映照着未来。

"新中国·老物件"活动，不仅使我对新中国历史进程有了更深刻的体悟，也激发了我探索历史的热情。时代的变迁在生活点点滴滴的细节中都有着具体而真实的体现。当我们每个人都能深刻地认识、读懂历史，我们一定能向着更好的未来发展。

感谢"新中国·老物件"活动！让我们铭记过去，珍惜当下，展望未来！

指导教师：金丽君

爷爷养蜂生涯的见证

成瑀◎杭州学军中学2018级1班

（一）

终于到家了……

1983年仲夏的一个深夜，满天都是星星，一轮满月照得屋前屋后跟白天似的。池塘边的蛙叫声、庄稼地里的虫鸣声，异常"热闹"。

爷爷掏出奶奶自制的贴身布袋，掂了掂分量，心里的那块石头总算落地了。他从中取出一个皱巴巴的黑色塑料袋，捏了捏，里面是厚厚的一叠10元面值的"大钞"。在奶奶的随身包里还有一大把面值从5元到1分不等的零钞，若干全国通用粮票和青海、河南等省份的地方粮票。他们身后堆着五大麻袋近200斤的苹果。

3年养蜂生涯画上了圆满的句号！

这是爷爷讲述的他卖掉蜂箱回家时的一幕。

（二）

我爷爷于1953年出生在浙江慈溪沿海的一个农民家庭。连小学都没有毕业的他，本应在属于自己的一亩三分地上终老一生，但改革开放的序幕拉开后，时代的浪潮裹挟着爷爷，改变了他的命运。

1981年，集体蜂场改革，实行个人承包、折价归户。爷爷咬牙几乎借遍了所有亲朋好友，筹得1000多元，以100元一箱的价格买了10箱蜜蜂。从此，他开始了背井离乡、风餐露宿的养蜂生涯，足迹遍及祖国大江南北。

出行前，爷爷托人用浙江省粮票换了一些全国通用粮票。粮票是当时人们日常生活中最重要的票证之一，不论在什么地方，都要有粮票才能购买食品。

爷爷带着奶奶和年幼的姑姑漂泊在外，每到一个地方就用粮票购买食品解决温饱。由于蜂蜜、蜂王浆等蜂产品在当时尚属奢侈品，当地群众嘴馋时会用地方粮票跟爷爷做交换。这8枚粮票中，来自青海、河南的粮票，就是当年爷爷和当地群众交易得到的，因为离开当地后不能再用了，它们便成了收藏品。爷爷一直保存着这8枚粮票，因为它们见证着一代养蜂人从未改变的追求美好生活的初心，承载着爷爷太多的回忆，尤其是那些刻骨铭心的苦与乐……

（三）

1982年春天，河南某地的油菜花快要开了。

这对蜂农而言意味着收获！爷爷和他的伙伴们商量好了行动方案，联系货运列车运输几百个蜜蜂箱，赶往那个他们心目中满地黄金的地方。

那是一个像聚宝盆似的大平原。一株株油菜花就如初长成的少女，亭亭玉立、婀娜多姿，让人痴迷，让人陶醉。空气特别清新，忙碌的蜜蜂在酿着蜜。爷爷看着蜂箱里越来越满的蜜，心里就像喝了酒般舒畅。

但是好景不长，一天晚上，风云突变，拳头大的冰雹像炮弹一样砸了下来……

帐篷被砸出了好几个洞，外面堆积的冰块足足半尺厚，油菜仅剩下绿油油、光秃秃的枝条，一片狼藉。一场冰雹把爷爷和他的伙伴们打蒙了，心里像针扎一样痛。好在蜂箱没有遭到破坏，"留得青山在，不怕没柴烧"。

他们再次踏上迁移之路。

（四）

还有一次更让人揪心的遭遇。

刚出来养蜂那年，爷爷因言语得罪了带队的领头人，被迫自谋出路、独立养蜂。因为没有经验，过冬的时候他除了喂食蜜蜂没有采取任何保护措施。等到开春了，别人家的蜜蜂都纷纷出去采蜜，只有爷爷的蜜蜂在蜂箱边满地乱爬，爷爷急得直掉泪。请来同行一看，才知道蜜蜂的翅膀被虫子咬坏了，飞不了。蜜蜂的死亡率直线上升，收获的蜂蜜只够活着的蜜蜂自给自足。

好在经过几个月的调理，蜂病被治愈了，再经过不断繁殖，蜂箱的数量也有了明显增加——15箱，这个数量一直保持到最后以每箱110元的价格转让出去的那天。

（五）

爷爷每次讲起这些故事总是百感交集，脸上都会洋溢着幸福与自豪。

是啊，毕竟整个村子只有他养蜂赚了钱。那五大麻袋苹果就是用来分给村里每家每户的——真是朴素的分享方式！

这段令爷爷终生难忘的经历已经过去30多年了，他当年养蜂时积存的家当——永久牌自行车、上海牌手表等"奢侈品"，大多已经不见了，但这8枚粮票一直保存在爷爷的箱底。

指导教师：金丽君

传承红色记忆，砥砺奋进新时代

陈鸿怡◎杭州学军中学2018级2班

> 青春理想、青春活力、青春奋斗，是中国精神和中国力量的生命力所在。
>
> ——习近平

随着信息化时代的到来，社会发展日新月异，有些物件虽然在岁月流逝中渐渐失去了其经济价值，但其精神价值是永不磨灭的。眼下时值新中国成立70周年，作为学军中学的学子，我十分荣幸地参加了"新中国·老物件"活动，我的老物件是爷爷留下的一块镶有钻石的梅花表。

梅花表　见证知青青春年华

1968年，中央发出了"知识青年到农村去，接受贫下中农的再教育"的号召，爷爷积极响应，动身前往浙江省台州市黄岩区（原黄岩县）十里铺公社。临行前太祖母帮助爷爷收拾行李，虽说是行李，却也只不过是一根扁担，一头挑着一袋衣服，另一头挑着一坛咸菜。爷爷听说公社里条件艰苦，没有钟表，便托上海的亲戚在百货商店买了一块表。当时这块表的价值抵得上小县城的半间屋子，可家中现有的积蓄根本不够，于是爷爷就卖了在桐屿的祖宅，买下了这块表。许多人不解，爷爷只是笑着说房宽不如心宽。他带着这块闪闪发亮的表，挑着担子，穿过泥泞的乡间小路来到了十里铺公社。公社里设施落后，而且劳动很辛苦，爷爷一度产生了放弃的念头，但每每看到这块表，就劝诫自己与其把青春年华虚度在城市安逸的生活中，不如扎根农村为祖国的建设出把力，不负韶华。在这块表的陪伴下，爷爷坚定地投身公社的劳作，并时刻提醒自己珍惜光阴，晴天劳作，雨天学习，从不怨天尤人。坎坷的人生和曲折的道路，磨炼了爷爷的意志，也练就了他坚强不屈的性格。在此过程中，爷爷收获了由青涩无知到见多识广的成长，收获了白头偕老的爱情，也收获了人生的理想与信念。

这8年里，爷爷为将来的生活、工作积累了取之不尽的宝贵的精神财富，包括人格的魅力、做人的准则。改革开放后，爷爷走出了公社，来到了更广阔的天地继续奋斗。乘着改革开放的东风，爷爷通过个人努力，成为黄岩大厦经理、黄岩区政协委员。这块表也一直陪伴着爷爷。后来爸爸长大了，爷爷就把这块手表送给爸爸，希望爸爸也惜时上进。爸爸再想给我的时候，手表彻底坏了，而且时代进步了，手表作用也不大了，但爷爷一直舍不得把它扔掉，而是将它珍藏了起来。

为家国　奋斗脚步永不停歇

一块尘封近20年的手表最终得以重见天日，展现在世人面前。它虽已不再有往日的夺目光辉，但凝结着三代人之间的亲情，是由青丝到白发的鲜为人知的人生经历，是新中国成立后社会变迁的沧海桑田。

这块表的精神价值已远远超出了使用价值。从小处看，它是爷爷自强不息的青春的见证，也是我家自强自立、惜时劳作家风的信物；从大处看，它是中华民族艰苦奋斗、自力更生精神的见证，更是一代投身新中国社会主义建设的热血青年所秉承的奉献精神的体现。它的精神内涵就像钻石一样熠熠生辉。

担使命　做民族复兴的领军人

　　"新中国·老物件"活动让我亲身经历了一次历史探索之旅，历史不再是课本上那些需要死记硬背的条条框框，而化身为一个个有血有肉的人物，一段段生动精彩的故事。同时，我也认识到了，即使是再平凡的一个人，即使是在历史长河中再微不足道的一件事，都会无一例外地成为历史的创造者和推动者，无数像爷爷这样平凡的人物的力量凝聚起来，就有了新中国腾飞的壮举。而历史能给予人这样的启示与思考，也恰恰是其价值所在。如今，我们再一次站在了新的历史起点，我们将何去何从，也许历史早已给出了答案。作为新时代的青少年，学习历史，热爱历史，既能帮助我们坚定文化自信，也能帮助我们明确前进方向。因此，我们要在奋斗中释放青春激情，追逐青春梦想，以青春之我、奋斗之我，为民族复兴铺路架桥，为民族腾飞添砖加瓦，砥砺前行，努力成为未来的领军人。

指导教师：金丽君

粮票中的一丝一缕

施里扬◎杭州学军中学2018级4班

在20世纪，粮票曾在中国大地上发挥过重要作用，是票证经济的最典型代表。深圳在全国率先取消粮票时，有些人生怕以后会买不到粮，可见当时粮票在人们心中就像定心丸。

粮票虽小，但关系着一家人的吃饭问题。对我爷爷家来说，吃饭曾是个大问题。我爷爷响应国家号召，举家从江苏搬迁到了七里泷——桐庐县的一个小镇（当时还是一个小渔村），参加富春江水电站的修建。我爷爷是国家分配过来工作的，有粮票分配，可家里其他三人没有。爷爷一人的粮票很难养活四口人。

钱的事还不算大，奶奶帮人做做小工，也能一分一角地挣钱，对于维持一家的开销还可以凑合。可粮票就不那么好弄了。国家规定粮票禁止买卖，城里的粮食也全靠供销合作社供应，没有粮票就无法购买。爷爷、奶奶不能天天跑乡下去买粮（何况去了也不一定能买到），也不能天天去黑市逛（那里的粮价是正常价格的五倍以上）。如何获取粮票，成了一个难题。雪上加霜的是，江苏户口的用不了浙江省粮票，搞粮票还得搞到全国通用粮票。幸亏天无绝人之路，粮票最终还是靠奶奶的一双手给"织"了出来。

七里泷作为一个新兴的工业小镇，汇聚了来自五湖四海的人们，是当时少有的操外地口音不会让当地人觉得奇怪的地方（那时国家对人口迁移的监管很严格）。外来人口大多是刚刚毕业的大学生，他们在当地结婚生子，生活甜蜜。有了孩子后，就可以两个人享用三个人的粮票，所以他们的粮票是用不完的。唯一美中不足的是，买小孩的鞋很成问题。小孩的鞋大小不一，形态各异，很难做。这时，来自乡下的奶奶的一双巧手就有了用武之地。奶奶用自家的旧衣服、旧被套做鞋底，再用别人送来的布做鞋面，这样制成的一双上好的婴儿鞋便能换得家里赖以生存的十斤粮票。一来二往，奶奶在七里泷有了名气，几乎全镇人都来找她做婴儿鞋。就靠这一双双鞋，爷爷、奶奶终于有了足够的粮票。我家现在仍然有大量的全国通用粮票，基本上都是那时候积存下来的。

我们现在对那个年代的理解，往往只停留在书本上，只知道那个年代物资奇缺、凭票供应，只知道那个年代生活艰难、谋生不易。我们不了解那个年代的人们为了生存，要付出多少努力。如今，我们不会再为粮票而发愁，不会再因是城市户口还是农村户口，是浙江户口还是江苏户口而受到有差别的待遇，这是我们这个时代的幸福。但我们这个时代仍面临困难，仍有贫穷落后的地区，有区域发展不平衡，还有外来势力对我国的挑衅。要解决我们这个时代的问题，给后代创造更加幸福的生活，还得靠我们这代人的努力！

指导教师：金煜航

不褪色的情怀，新时代的希望

谢天清◎杭州学军中学2018级5班

　　学校征集老物件办展，我非常高兴，因为这是我们家的"长项"。我们家的老物件很多，按年份排列，满满一屋子，展现了一个微型的中华文化发展史。搜集和保存老物件是爷爷的爱好。小时候我很好奇，为什么这些旧物件爷爷都舍不得扔。随着年龄的增长，我渐渐理解了，正如父亲常讲的"前事不忘，后事之师"。一件件物件虽然都不大，也许其中的很多经济价值都不高，但它们体现了70年来的社会变迁——我们的祖国逐步繁荣富强起来，人民的生活越来越好。

　　中华文化博大精深，我家的老物件，既有诸如秦朝的玉摆件、明清时期的小家具那样的古董，更有新中国成立70年来各时期的物件，最多的是四样：玉器、老照片、权（秤砣）、火花，东西虽然都不大，但都是历史的见证。

　　有段时期，爷爷集中搜集权，并定制了一个玻璃陈列柜，里面摆放了从元朝甚至更早些时期的权到新中国的权，各个历史时期的权琳琅满目，颇为壮观。它们的大小、造型各异，它们的变化体现了历史的变迁。

　　爷爷收藏的老照片包括新中国成立前我太爷爷年轻时候的照片（只此一张，爷爷是孝子，非常珍惜），爷爷20世纪五六十年代当兵的照片，爷爷的全家福，爷爷、奶奶和我父亲的合影，包括我在内的全家福……爷爷小时候家里是很穷的，从那些好不容易保存下来的老照片中可以看出来。相比之下，父亲小时候条件就好多了，我小时候就更不用说了，可以说是天壤之别。从照片上就能感受到，随着新中国国力逐渐增强，人民生活水平真真切切地提高了。爷爷还集齐了他们四兄弟的军装照。爷爷全家精忠报国，四兄弟分别是武警、海军、空军和陆军。

爷爷还很喜欢搜集火花，火花也就是火柴盒上的贴花，迄今已有100多年的历史。虽然随着经济发展，现在大家都用打火机，火柴被逐步淘汰了，但我家的火花还是非常齐全的。学校举办老物件展，我家里的老物件多，倒是不担心拿不出来，无非是选什么。考虑了一下，还是选了火花，主要原因有三：首先，火花具有文物属性。火花通常采用人们喜闻乐见的画面，体现了当时的民俗风情。其次，小小的火花能够印证一个历史截面。火花上保留了大量的历史印迹，土地改革、抗美援朝等历史都曾在火花上有过直观的呈现。再次，火花是风格独特的微型艺术品，代表着包罗万象的艺术世界。我选了一套诞生于1981年的《清明上河图》图案的火花，据说它曾在20世纪80年代的一次"十佳火花"评选中荣获第一名。此版火花单色印刷，古色古香，28枚卡标火花横向联排成一幅精妙绝伦的古代长卷名画，方寸之间让人体会到中华传统文化的深厚底蕴。

老物件体现了中华文化的传承，体现出时代的变迁，体现了新中国成立70年来翻天覆地的变化。追往怀今，老物件不仅体现了历史，更寄托着人们对新时代的期待。

指导教师：金煜航

一本书，一个理想，一生的奋斗

蒋可心◎杭州学军中学2018级6班

在"我眼中的70年——学军中学学生家藏老物件展"中，我祖父的藏书《铁路测量学》获得了最佳特展奖。这本页面泛黄的书，不仅仅是那个历史时期科学发展水平的见证，更承载了一位青年报效祖国的理想，见证了他一生的奋斗与付出。

成长在知识分子家庭的祖父在少年时就树立了读书报国的理想，他走出了封闭的山村，走向了那个危机四伏而又充满机遇的社会。在他求学之路的第一站杭州土木工程学校，他获得了学校赠予的《铁路测量学》一书。《铁路测量学》是由商务印书馆于1936年首次出版的一本专业工具书，书中详细介绍了铁路测量的步骤、方法、注意事项等，书后还附有相关的函数表。可以说，它很好地反映了新中国成立初期国内的工业状况：新中国在成立初期已有了一定的工业基础，在铁路等传统工业上已有了较为成熟的技术；但是，当时的知识普及率不高，像《铁路测量学》这样的专业书籍在市面上更是一本难求。

我的祖父出生于1933年，他经历了抗日战争、解放战争，在中学时代，他甚至目睹自己的学校为了生存，一天内轮流挂上中日旗帜的屈辱画面。于是，在那个战火纷飞的年代，祖父树立了读书报国的志向，并用尽一切方法向这个目标前进。

　　带着这个理想和几本如《铁路测量学》一般的专业书籍，19岁的祖父踏上了奋斗之路。他曾在广东沿海造铁路、设计军港；在河海大学继续深造，还成为一名共产党员；在大连、青岛参与军舰设计；在北京参加培训，差一点就要赴苏联留学……从20世纪50年代离开杭州，到70年代末回杭州大学教书，20多年的时间里，祖父一直默默无闻地奋斗在科研的第一线。在这漫长的工作生涯中，祖父没有刻意留下一枚奖章，却一直保留着这些专业书籍，视若珍宝。我想，这不仅仅是因为它们蕴涵的那些专业知识，更因为它们承载着一位少年胸怀国家的抱负和20多年的坚持。

　　当我和祖父聊起他跌宕起伏的一生，令我意外的是，我的父亲对此全然不知。仔细想来，父亲记得祖父似乎经常出差，还在相对闭塞的20世纪六七十年代经常坐飞机出行，他还去过祖父在杭州大学的大型实验室……对于自己做出的贡献，祖父在家中闭口不提。试想，如果没有这次"新中国·老物件"活动，祖父可能会带着他的回忆默默地走完一生；正是因为这本《铁路测量学》，我们祖孙三代一起回到过去，感受这本书的分量，感受历史的厚重；这次活动，让新中国的发展史和一代代中国人的奋斗史从书本上的白纸黑字变为鲜活的音符，奏出一曲磅礴的赞歌，震撼我们的心灵。

　　这本书承载了新中国成立初期知识青年的爱国热情和报国理想，见证了他一生的奋斗；而今，这本书用朴实而有力的语言鼓舞新时代的青年奋发向上，为建设富强民主文明和谐的社会主义强国而奋斗。

　　谨以此文献礼新中国成立70周年！愿我们的祖国繁荣昌盛！

指导教师：钱玉亭

回忆深深，初心不忘

与祖国同行

张家睿◎杭州学军中学2018级4班

追忆往昔，新中国已在风雨中走过了70个春秋。一代又一代人接力奋斗，推动国家进入新时代，让一个饱经磨难的民族接近复兴梦想。

国家的复兴之路中，总会有许许多多令人难忘的回忆。

国家的复兴之路中，总会有许许多多多难能可贵的物件。

或许是家里的一台黑白电视机；

或许是家里的一本纪念邮册；

或许是一封信、一台收音机、一本长辈留下来的日记。

许许多多的物件，或许曾被遗忘在一个角落。

当我们重拾起记忆里那个富有意义的物件，一定会觉得它是那样珍贵。

我们学校开展了"新中国·老物件"活动，同学们寻找出家中能体现历史变迁的老物件，从父辈和祖辈口中揭开那尘封的回忆。一场别开生面的展览正在杭州西湖博物馆举行。

带着一颗初心，我和家人走进了博物馆。这里，我看到了许许多多的老物件：有抗美援朝纪念章，它就像一位"长者"，向每一位参观者娓娓讲述着那段艰苦历程。抗美援朝的胜利，为我国的经济建设赢得了一个相对稳定、和平的环境，进一步巩固了新生政权，并且大大提高了我国的国际地位。展品中有各式军服的袖章、肩章，它们让我感受到，我们这些生活在新时代的青少年应时刻以此为励，用自己的双手和智慧描绘祖国的宏伟蓝图，使自己成为新时代的接班人。此外，展品中还有书籍、钱币、票据、工艺品等，它们虽然体积不大，但都是历史的见证者，见证了伟大祖国70年来的风雨兼程，70年来的砥砺前行，在它们身上，历史的光芒闪耀夺目，革命的精神熠熠生辉。

这些老物件记录了岁月变迁过程中留下的痕迹，它们记录了一个个有温度的故事，它们弥足珍贵，它们牵动人心。它们告诉我们，历史就在我们身边，触手可及。它们装点了西子湖畔，使得杭州这座城市变得更加富有。

都说杭州山水美如画，但这并不是杭州的所有。随着科技的快速发展，杭州正在打造"数字经济第一城"。城市的发展，离不开通信事业的发展；城市的发展，离不开数字经济的发展。而在这一切皆高速发展的时代，回望曾经的发展历程，更是必不可少。

在此次展览中，有我家里的一台初代iPhone。在博物馆展览现场，我还看到了"BP机""电话机""大哥大""诺基亚"等各个年代的"前辈"机们。通信技术的发展和演进，从根本上改变了整个世界相互连接、沟通和计算的方式。5G时代的到来，一定会让我们的生活更加智能与美好。

追忆往昔，展望未来。一件件看似普通的老物件，见证了一代又一代人的奋进与拼搏，承载着太多的回忆与故事。当我们重温这些故事，其中的情怀定能激起新时代的我们奋发图强的精神。我们都是追梦人，在新中国70周年大庆之际，就让我们同唱一首歌，用我们的热爱、初心、力量和勇敢与祖国共同前行，为了伟大祖国的繁荣昌盛，努力学习，积极向上。

指导教师：金煜航

静思往事，如在目前

梁宇婷◎杭州学军中学2018级10班

那纸泛了黄的毕业证书是已80岁高龄的爷爷郑重地交到我手上的，纵使岁月使它残损，它所承载着的厚重的历史仍令我震撼。

这张毕业证书是爷爷于1953年2月在桐庐旧县乡小学毕业时拿到的，他时年13虚岁。

爷爷对这所学校有一种特殊的情感。它不是今天我们概念中有着完备的硬件与软件、充满着温馨学习氛围的学校，其实是一座叫"宁国寺"的寺庙（当时条件有限，只能以庙为校）。"但是啊，"爷爷用布满皱纹的双手抚着毕业证书说，"这一张对于当时的孩子来说望尘莫及的文凭，见证了我在这儿度过的日后最眷恋的六年。"这所学校就像爷爷那辈人承载希望、梦想的挪亚方舟。

学校有胜利级、红旗级、灯塔级、火炬级、前进级等，每一级的名字都寄托着人们美好的希冀。爷爷被分到了火炬级，教室在一个大天井旁。当年的孩子读书时肩负着强烈的使命感，每年看着年长的师兄师姐拿到毕业证书，在为祖国将来添一份力的道路上更进一步时，爷爷他们的眼中饱含着羡慕。所以无论条件多恶劣，爷爷与同学们都不曾退缩。后来，新中国成立了，广大贫苦人民翻身做主人，生活有了保障，而读好书更成了翻身做主人的重要权利。原来庙中矗立着的菩萨，在破除迷信的号召下，终于被搬掉了。

对爷爷来说，这整整六年也仿佛弹指一挥间。在这几年中，虽然在如此艰难的环境中求学，但老师同学互相帮助与关怀，日子艰苦却充实。爷爷说，在这段时间里他懂得的许多道理甚至比课本上的知识更重要。沧海桑田，从前的一切都在改变，而这张安静地躺在爷爷柜中的毕业证书与他内心中沸腾的信念始终不变。这些，深深启示和影响了爷爷甚至是作为儿孙的我们。

恍然间，我不经意发现，我们一直在和一些东西作别，而被保存得如此完好无损的毕业证书在历史的洪流中显得尤为珍贵。拿到毕业证书时，爷爷既开心又苦闷。开心是因为他得到了在每个或是刮风下雨或是明媚晴朗的日子里对知识狂热的最好的见证；苦是因为他心里早已清楚，家里缺少劳动力，而且财力已无法支持他后面的学业，他不得不辍学。当时大家都觉得那张小学毕业证书是爷爷求学之路的一个句号，实则不然，爷爷决心学古代文人的求知精神：世上无难事，只怕有心人。他一边帮母亲劳作，一边有空时就从朋友处借来初中课本自学。爷爷还因具有村里少有的文凭而到村里夜校给村民们上扫盲课。正是因为这份热忱，爷爷在1956年被评为桐庐县农村扫盲先进工作者，并参加了杭州市扫盲先进工作会议。也许是一直受到毕业证书上一字一句的鼓舞与启发，那腔热血不曾冷却，他在1965年担任乡民办教师，后来转正为公办教师，1976年担任公社文教干部并被任命为中小学支部书记兼校长。1978年在原宁国寺校址上，改建了新的公社初级中学。在那个建筑材料稀缺，什么都凭票购买的年代里，学校新建校舍所需的钢筋水泥、大原木基本上都要从各处疏通关系，求人帮忙采购，可大伙儿都坚持了下来。爷爷不禁感叹："在现在这个物质丰富的年代里，想想当年的我们，孩子们，你们太幸福了，一定要珍惜当下。"

爷爷从拿到这张毕业证书起直至现在，都以这句话为自己的人生信条——"万事莫如为善乐，百花争比读书香"。我想这张毕业证书给予了他莫大的鼓舞吧。

唯知之深故爱之切，每一个老物件都是一个时代的印证，长辈们的奋斗史也是我们国家的发展史。爷爷的一张毕业证书使家与国在我心中交融，"家国情怀"是要我们推己及人，由"国"到"家"捧出一颗爱心来，心怀历史使命感。

历史一定会欣慰——当一代代人凝视着它的杰作时，静思往事，如在目前。

指导教师：钟徐楼芳

相思两地，尺寸千里

陈笑波◎杭州学军中学2018级12班

夏日灼灼的阳光遍洒杭城，我的书房也沐浴在金色的阳光中。其中有一本红色封面的册子着实抓人眼球。

册子的封面是一种介于玫瑰红与正红之间的色调，由于褪色泛着浅浅的白，却更透着深入骨髓的温婉雅致，如美人般任凭时光荏苒，依旧气质脱俗。

"上海集邮。"册脊上书。

我将它轻轻抽出捧在手心，仔细端详。封面上印着几张很漂亮的外国邮票，风格有点像现在流行的复古手账贴纸；硬皮的封面也没能抵挡住时光的侵蚀，留下了皱褶，边角也有些卷曲、脱色。

翻开邮票集，小小的一页里，许多邮票叠着、压着，热热闹闹地挤在一起。虽然数量很多，但排放得有规律且整齐。图案从人物到年画，从建筑到花鸟，从历史故事到风景名胜，我翻阅着，赞叹着，想凑近细看，却又担心自己吐纳的气息惊动了这些沉睡已久的精灵。

我相信这些邮票是有生命的。最初，有一双手将邮票仔仔细细地贴在信封上，投进邮筒，再由邮差盖上一个骑缝章，寄到收信人手中。后来，又一双手将它揭下或沿边剪下，一寸一寸塞进这本邮票集的透明小格中，捧起它远观，满意地一笑，开始读信……

我正想着，突然听到一声叹息，其中有无奈与叹惋，哀愁与释然，似从远山吹来的一缕轻烟，撩拨起心头、眉梢。回头看时，妈妈红着眼——

"20多年前，妈妈还只有十五六岁，和你一般大。老家安徽的教育条件不好，刚好在杭州又有亲戚，你外公就把我送到杭州读书，住在亲戚家里，每年过年才回家。寄人篱下的拘谨与委屈萦绕心间，夜夜难眠。真的想家啊。也没手机，只能寄信给家里。寄信也花钱，从杭州寄到安徽要花4分钱，这在当时可不是小数目。所以不敢多寄，每个月寄一封信，想诉诉苦又怕家里人担心，所以也只讲讲开心的事，考试拿了第一啊，又和小伙伴去哪里玩了啊。家里人也是报喜不报忧，爷爷生病了都不肯告诉我。所以呀，我每次写信都高高兴兴，看信也乐呵呵，就想着要把这快乐保留下来。可惜那些信不知去哪儿了，只剩下这本邮票集了。"

妈妈摩挲着邮票集，好像手上捧着的是当年那一封封家书，一份份厚重的思念。

"这里面怎么有张邮票上面是繁体字呀，是什么时候的邮票呢？"

"那是你大姨（妈妈的姐姐）嫁到台湾以后寄来的。我只比你大姨小1岁多，打小感情就好。你大姨嫁过去，我可舍不得了，就常给她寄信。你大姨知道我喜欢收集这些，都拣最好看的邮票寄过来。"

"那这邮戳上怎么有'长春''上海'，还有'安吉'？"我又疑惑，"这不是你的邮票集吗？怎么有爸爸老家的地名？"

"这本来是你爸的邮票集，只是认识他之后，我把我以前集的邮票也放进去了，它就成厚厚一本了。"

"长春……"

"哎呀，我以前在那儿工作过一段时间，跟你爸爸写信联系……"

她不愿往下说了。原来妈妈也有腼腆的时候。

话虽没说完，我却已猜中了大半。想必这邮票集，也是爸妈爱情的见证。

一本小小的邮票集，竟有那么多故事。我忽然也萌生出集邮的愿望来。

我想到我也曾和贫困山区结对子的小朋友通过几封信，立刻吵着要给邮票集添砖加瓦。翻箱倒柜找出那些信后，却发现只有一张用的是真邮票，其他都是直接打印在信封上的假邮票。我沮丧地剪下它来，却不知放到哪里好——它的图案既不是动植物或历史人物，也非名胜古迹或建筑山水，它只是一张简简单单的邮票，有着粉色的图案，放在里面显得不伦不类。

我只好把它拿出来，重新打量这本邮票集。旧时人的风雅，竟是连邮票也不放过啊。

这尺寸之间穿越千里的邮票，维系了绵长深远的相思情。

指导教师：宋秋珍

溯源70年

董一嘉◎杭州学军中学2018级9班

历史不是不带感情的时光印迹，历史中饱含着可追溯的真情。在学校组织的"新中国·老物件"活动中，我和父亲一同寻找祖辈留下的旧物，挖掘背后的往事，最终找到见证从农村生产合作社向家庭联产承包责任制转型这一过程的物件。从国家层面看，这无疑是农民生产积极性不断提高，农业问题不断得以解决以及经济不断发展的切实见证；从个人层面看，这也是对祖父、祖母这一代人生活方式和思想观念形成原因的最好解答。

我的奶奶生于1949年，恰逢新中国成立。虽说经过了社会主义三大改造、"一五"计划，社会面貌已有较大改善，但当时城市经济状况尚且不容乐观，更别提金华武义大山里小小的水阁村了。奶奶的父母走得早，养家糊口、照顾弟妹的重任理所当然落到了奶奶的肩头上。奶奶不曾读过书，对各种各样的农作物和化肥却是一清二楚，简单的数字计算也在生活的磨砺之下自学掌握。记得儿时我常与奶奶比赛算数，竟总是吃败仗。奶奶成长的那个年代还远远没有到家庭联产承包责任制推广的时候，能吃饱饭在当时的农村已经能够算得上是较高的生活水准了。

我的父亲生于1971年，他是家中的小弟，有一个大哥和两个姐姐。据父亲说，家庭联产承包责任制推广后，村中父老乡亲们吃饭已不成问题，但菜品多样化是不敢想的。那时的饭菜远不如现在精致，平常只吃得起米饭和霉干菜，逢年过节也不见得能吃上猪肉。那时大姐吃饭快，吃完总爱故意敲敲家里的铁锅，佯装准备收拾碗筷，而此时父亲总大叫道："别收别收！我还要吃！"直到父亲考进县城里的高中，每周的口粮也只有一罐霉干菜，这也是现在父亲从来不碰霉干菜的一大原因。

父亲还说，他们兄弟姐妹四人自打童年起便帮忙分担家务，两个姐姐负责生火做饭，兄弟二人则上山砍柴。那时农村生活条件艰苦，大家普遍用柴火。父亲当时也和大多数同龄人一样，哪里耐得住又辛苦又无聊的家务活的折磨，有时带着空荡荡的箩筐上山，到了山上便把那箩筐一扔，什么柴火，什么家务，统统扔去了脑后，转眼便与一群"同病相怜"的伙伴们一块儿溜去溪边玩耍。一群半大不小的男生一个个扑腾扑腾地往溪水里跳，上岸时待衣裳略微干了些也快接近午饭点了。这时父亲才胡乱砍几根又细又长的枝条应付了事。回到家，爷爷一看那"柴"，便知道父亲又淘气了，一通臭骂后爷爷只得亲自上山砍柴，否则第二天的生火又该成问题了。

而今我家虽算不上大富大贵，但我从不曾像祖辈一样为温饱发愁，也不曾体验过上山砍柴之类的农活。每次回老家时，我能在奶奶家里尝到村里最美味的土鸡、最新鲜的土菜，如今的农村早已没了当年生活拮据的景象。但我的奶奶始终极其节约——领到养老金，留着；有肉吃，省着；有新衣裳，收着……奶奶经历了艰难岁月，勤俭的观念早已深入骨髓，同一道菜从早餐到中餐再到晚餐，常常是端进又端出，变了味也不舍得倒掉。经过这次深入了解，我终于能够理解祖辈、父辈的行为，认识到了食物的来之不易，也深切地体会到这些年我们的生活在好起来，富起来。

追溯历史，感悟历史，铭记历史——我们都是时间的孩子，我们都是史中人。

指导教师：徐小慧

寻梦之路

曾奇桐◎杭州学军中学2018级6班

高考是当代中国最重要的考试之一，也是经历过这个考试的每个人毕生难忘的考试之一。我家中有一张陈旧的高考准考证，它是我的父亲的，它看起来是那么不起眼，已经泛黄，上面只有姓名、选科等基本信息，粘贴着一张一寸的黑白照片，压了一个钢印。这张准考证承载着父亲努力改变命运的回忆。

1977年10月，高考恢复了，这在当时是一件引人瞩目的大事。对于国家来说，高考是选拔人才、培养人才的重要措施；对于个人来说，高考则是青年人改变命运的途径，更是农村青年走进城市的宝贵契机。高考也意味着一场激烈的竞争，是人生的重大考验，所以人们常用"千军万马争过独木桥"来比喻它。随着时间的推移和人们重视程度的不断提高，高考竞争的激烈程度有增无减。父亲是1993年参加高考的，当年的高考报考人数共286万人，录取98万人，录取率约34.3%。与今天相比，录取率相当低，当时竞争的激烈程度可想而知。

父亲参加高考时年仅17岁，在这之前他已经苦读十余载，从山村的小学、镇上的初中读到县城的高中，如同大浪淘沙一般，离理想越来越近，离家乡却越来越远。所以这么一张平淡无奇的准考证，意味着一个人完成了十余年的小学、中学生涯，终于取得了尝试走进大学的机会。

父亲那时读高中按文理分科。他们早早就确定了自己的方向，父亲选择的是普通理科，考试科目有语文、数学、外语，还有政治、物理、化学、生物，总分是710分。父亲的高考成绩是535分，当年的录取分数线是491分，多年的勤奋努力没有付诸东流，他成功考上了自己心仪的大学，被录取的专业也是他所热爱的动力工程专业。

拿起这张准考证，父亲回忆道，他曾经一个月中每天早餐都只就着咸菜吃几口馒头，喝几口白开水，只为省下时间赶去上早自习；他曾经每天中饭、晚饭只选择吃一顿，只为能有更多一点的学习时间；他曾经为了抓紧时间，在晚上熄灯后点着蜡烛读书，结果不慎烧到了自己的头发……"书山有路勤为径，学海无涯苦作舟"，从父亲的描述中，我对这两句话有了更深的理解。

父亲说，因为当时县城里能够作为考点的学校很少，所以每个学校的考生都特别多。拿着一张薄薄的准考证和几件简单的文具，怀着忐忑的心情，在烈日下要等待很久才能进入考场，现在回想起来，那好像是曾经走过的最远的一段路。

当年的高考考场硬件设施较简陋，盛夏七月，学生们只能坐在没有空调甚至连电风扇也没有的教室里，流着汗紧张地答题。他们所答的题目也并不比今天的简单——时至今日，父亲仍为那道在考场上耗费了他半个小时但最后还是未能解答出来的物理题而遗憾。

当然，和现在差不多的情形也有，就是考场外同样有一群父母在焦急等待。不过对我的父亲来说并不是这样。父亲清楚地知道那里并没有他的父母，因为考场离家很远，路费和住宿都是不小的开支，所以他的父母并不会出现在那里，他是独自去考场的。他说，虽然没有人在考场外鼓劲，但也少了很多压力。父亲淡淡的话语中有那么一丝丝的遗憾。

这些就是这张准考证背后的故事。薄薄的一张纸，承载着一个年轻人的理想，再苦再累也磨灭不了的斗志，还有整个家庭的期望。这张准考证见证了父亲的寻梦之路。

指导教师：钱玉亭

红灯新记

戴知言◎杭州学军中学2018级2班

我的祖辈们年轻时不常拍照，仅存的几张照片也在辗转搬迁中遗失。因此，我也未曾想过那些熟悉的、苍老的面容，当年风华正茂时该是什么模样。我只在凝视着那台收音机光可鉴人的表面时，才想象起1978年前后，第一次将这台新鲜玩意搬进家门时，刚刚30岁出头的祖父、祖母是如何欣喜，才上小学的父亲与姑姑又是如何兴奋。那场景像是泛着雪花、画面模糊的老电影，而欢声笑语却仿佛近在耳畔，久久不绝。

我并非从未接触过收音机，尽管这一物件如今已不再流行。然而，第一次见到祖母的收音机时，我还是难以将面前的庞然大物与印象中小巧便携的机器联系起来。它比微波炉还大上一圈；轮廓方正，没有任何弧度设计，活像个木匣子；棕红色油漆几无划痕，棱角完好，正面一排旋钮仍然锃亮，甚至音响的网格里都未沾尘埃，只有背板因脱胶而稍微松动了些。祖母是如此精心地收藏着这件旧物——即便是"压箱底"，那箱子也是能防虫驱霉、装过她嫁妆的樟木箱。

收音机是红灯牌，一代知名品牌，产自上海无线电二厂。改革开放没多久，祖父、祖母攒钱买下了这台收音机。那时，许多人的经济实力还不足以购买电视机，收音机就是寻常百姓家的"大件儿"，听广播则是相当流行的消遣方式。收音机调换频道不如现在的触屏车载广播那么简捷，需要调天线，拧旋钮，直到转过一段噪音，音响传出人声为止。据说那台收音机还能放英语频道，祖父、祖母学历不算高，加之儿时外语课统一学习俄语，他们听不懂讲的是什么，却连连感慨"这要是放在'文化大革命'的时候，是不敢收听的呢"。改革开放所带来的，并不只是生活宽裕起来、添置几件新家电，还把过去那片阴云拨了开来。收音机见证了许多中国家庭走向富足的第一步，记录了中国制造业的发展、经济改革的初见成效、文娱方式的革新，它也是国人消费观念从只图温饱到追求精神富足的明证。

不知不觉间，周遭发生了日新月异的变化，一家人也终于告别了围坐在"木匣子"旁的岁月。父亲和姑姑走上工作岗位，结婚成家。祖父、祖母年纪渐长，结束半生操劳，安享晚年。而收音机也因电视机的普遍使用，被开启的频率越来越低。顺理成章地，在一次比以往都要细心的擦拭后，它被保存起来。

可封存的回忆并没那么容易消逝，它只是等待着一个重见天日的契机。当我询问祖母时，祖母想到的第一个老物件，便是那台沉默已久的收音机。"红灯牌，国产的。"在对收音机往事津津乐道的同时，祖母还不忘强调"国产"二字。时至今日，商场里国外品牌比比皆是，进口商品早已算不得稀奇，但我们不应忘记，在物资尚且匮乏的那个年代，有一批国产品牌以拼搏为筋骨，以创新为魂魄，换来了祖国一点一滴的进步。红灯、梅花……这些品牌渐渐淡出了我们的视野，国产品牌的精神却从未暗淡，他们只是换了名字——华为、小米……

收音机被压在樟木箱底的二十余年一晃即过，旧时的寻常物件，竟成了博物馆橱窗里的珍贵展品。它插上电源后的热闹声响虽已远去，寂静之中流淌出的岁月回音却从未断绝。时代的脚步从不停歇，老物件是纪念碑更是里程碑。正因为已不属于当下，它们才能成为诉说过去的第一手史料，才能身披风尘，担负起为后人讲述那个波澜壮阔年代的责任，才足以让一个个国产品牌被人铭记与传承。

　　寻一个午后，访一座博物馆，听一段红灯新记。

　　这里有平凡人家两代人的故事，这里有第三代人的侧耳聆听，这是有温度的身边的历史。

指导教师：金丽君

七月秧

李珂◎杭州学军中学2018级7班

> 窗外，夏蝉聒聒不停，阴雨绵绵带不走阵阵暑气——又是一年七月，又到了该插秧的时候。
>
> ——题记

我从来不觉得自己是"城里孩子"，即便村里的生产组认为我只有"半个工分"。我生长在被田地、小河、竹林环绕的自建房里，幼时陪着我的除了简易版的《三字经》、垫在地上的泡沫拼图板、晶莹醇厚的白米粥，便是阵阵谷浪或油菜花香。还记得烈日下爷爷、奶奶头戴竹编帽，穿着长筒皮靴，上面有斑斑点点的泥印……这些独特的记忆本该被深深地埋在心里，却在这个五月被一本鲜红的小册子——家庭联产承包责任手册——唤醒。

五月，学校组织了"新中国·老物件"活动，在得知活动的当天，我回到家，告诉了家人，大家一起搜寻。最终，奶奶颤颤巍巍地拿来了一个黑乎乎、脏兮兮的小本子，抹去那厚厚的一层灰之后，本子显出靓丽的鲜红色，红得像七月的太阳，初升就已热烈——家庭联产承包责任制于1978年开始实行，极大地促进了我国农业生产的发展。奶奶说，手册用来记载家里分到的田地，而这几亩田地就是养活家人的希望。

只可惜，却也幸运，到了我父母那一代，这几亩田渐渐变得无足轻重。

爸爸、妈妈成了人民教师，不用下田耕地、插秧，田里的作物也从"救命粮"成为自家的"绿色食品"。从我记事起，家里就没怎么买过农贸市场的蔬菜。

不过，每年夏天插秧总是少不了的。我还在上幼儿园的时候，七月农忙，爷爷、奶奶和爸爸都会下田插秧，他们有时也带着我一起去田里。田里的泥湿漉漉的，绿色的秧苗被扎扎实实地种在里面，细细小小的秧苗在阵阵夏风的吹拂下显得稚嫩。夏天太阳格外毒辣，我坐在田埂边，身旁整整齐齐地堆着奶奶准备的饼干和牛奶，我却不吃。我的心早已跟着绿油油的秧苗留在了田里，留在了爷爷、奶奶的汗水里，留在了他们越来越远的背影里。种田的人把力气都倾在了绿秧里面，他们交流的唯一方式就是观察对方插秧的进度。正是这些经历让我从不敢浪费一点点粮食，特别是稻米，每次盛上白花花、热气腾腾的米饭时，我脑海里总是会晃过儿时夏天在田里辛勤劳作的人们的背影，他们安静、努力、艰辛，却又饱含劳作的踏实与幸福……

到了现在，2019年，当我再问起奶奶有关田地的事情，得到的回答却是：我们家没田了。

愕然，惆怅，感慨……

奶奶说，田地都被征用了，爷爷离开之后，原本在他名下的田也没了。

田地被用来干什么了？盖民房、修公路，听说还要造地铁。

不过，现在的我们不必为生计而担心。2019年的中国与1978年的中国相比，发展迅猛，这个江南小村里也早不复存在"救命粮"这一说法。稻田失去了它本来的意义，被赋予了新的希望；失去了稻田的人们，不用在七月的烈日下插秧，竟显得有些无所适从，却也享受了更好的生活。只是那曾绿油油的、充满生机的七月的秧田与我再难相见……

不过，我从未忘记那些秧田，它所孕育的食粮让我能够健健康康长大，它质朴的气息让我记得我们的生命永远来自农耕。

以上便是家中的老物件从我心中唤起的记忆，也希望能引起更多人的思考——历史其实就在七月的秧田里，就在我们身边。

指导教师：徐小慧

上百万元？还只是千元？

历史赋予我家"站洋"币的内在价值

林瀚◎杭州学军中学2018级7班

我的老物件是一枚银圆，它陪伴我们家度过了一段很长的岁月。

最初，我并不知道它的真实价值，只觉得拿在手里沉甸甸的，很有分量。后来我才知道，那是历史给我的沉重感。这枚银圆的外观并没有想象中那么光鲜亮丽，反而有些黯淡无光。面上的字有些磨痕，就像是被人用手指抚摸了无数次，但字的内容依然清晰可辨。"1897"是它出生的年份，到今天已经有123个年头了，差不多也是如今人类寿命的极限了。

初见

在这之前的很长一段时间里，它一直都在我们家的保险箱中沉睡着。要不是这次"新中国·老物件"活动，我和它的见面或许得再往后推几年。最初在寻找家中老物件的时候，我十分苦恼，几经搬迁，家中略有些年头的东西都早已不知踪迹，更何况那些具有历史代表性的物件。询问母亲之后，她也有些困扰，思索了好久，才终于神神秘秘地从家中的保险柜里，拿出了这枚"站洋"币。"新中国·老物件"活动引起了很大的社会反响，而这枚

"站洋"币也一度成为焦点之一。人们惊叹于它的历史感和真实价值，这里的人们也包括我。至此，我才第一次发觉，原来历史离我这么近，我内心对历史和真相的渴望竟如此强烈。

在老师的鼓励下，我决心将它的身世了解清楚。通过网络渠道，我发现人们对它价值的评定说法不一，多至百万元，少至千元，没有确定的答案。显然这并不是我想要的结果，但不可否认的是，我在查阅资料的过程中也有收获。

我了解到我国钱币市场历史悠久，理论上来说，有钱币的制造和流通，就会有钱币的文化，就会有钱币的收藏和市场。如今钱币市场里涨幅比较大的，包括传统银圆和外国早期商贸银圆这两类。收藏钱币不仅要看钱币的稀有度，还要看钱币的历史价值、工艺价值。据文献记载，南朝顾烜就已编纂《钱谱》，但过去的古钱研究，主要是通过收藏家、研究者个人搜集的实物进行的，存在很大的局限性。到了现代，更多的人逐渐意识到古钱保护、整理、研究及鉴赏的重要性。1989年出版的由国家文物局组织编撰的《中国古钱谱》中收录古钱拓本近四千种，大体按年代排列。而遗憾的是，其中没有我要找的银圆。或许是因其只收录我国古代的金属铸币和相邻国家与地区的古钱，对于曾经在这片土地上流通过的外国货币，其中未予收录。

为此，我专门去找了古董鉴定师寻找答案，结果也不尽如人意，只得到"这'站洋'币看质地是翻砂铸造的，不是冲压铸造的""民间藏量还比较多，是西洋币的一种""是真的话只值几千元"的答复。不过鉴定师也向我详细地介绍了"站洋"币的生平：它是外国贸易银圆大家族中的一员。据记载，早在明朝中期，西班牙就已在墨西哥制造"本洋"银币（俗称"双柱"）。至清代乾隆、嘉庆年间，中外贸易日趋繁荣，从外国流入中国的银币种类也日渐增多。至清朝末年，除"双柱"外，还有墨西哥"鹰洋"、英国"站洋"、日本"龙洋"和德国威廉一世纪念银币等币种。其中，英国"站洋"以制作精良、图案美观著称。1895年，英国政府铸造了新的贸易银圆。"站洋"先后在英国伦敦、印度孟买和加尔各答这两国三地制造，其上制有英文、中文、马来西亚文，这在世界铸币史上是非常罕见的。历史上越南、老挝、柬埔寨、泰国等国都曾是英国的殖民地，而马来西亚文在上述地区的使用具有普遍性。由此可见，印马来西亚文是为了"站洋"币更好地流通，反映了英国这一殖民大国通过别样的手段对其殖民地进行更有效的经济控制，同时也反映了这个特殊时期的政治、经济、文化方面的发展变化。所以，"站洋"币具有超过一般银币的价值。

"站洋"币对于历史研究有着重大意义。"站洋"币进入我国后，开始在广东、广西一带流通，因其制作精美、含银量高，深得商民喜爱。英国政府看到"站洋"币在中国有利可图，便大量铸造，大量输入。不久，"站洋"币便在中国大部分地区使用，尤以北京、天津为盛行。明清时期，白银从国外大量流入中国，大部分是外国贸易银圆，其中"站洋"币已占较大比例。贸易顺差和金银比价差异下巨大利润的吸引，导致中国成了葡萄牙学者口中的"吸泵"。西方列强为了改变这种局面，向中国大量输入鸦片，逐渐平衡了中国的贸易顺差。后来，中国进口鸦片的金额已经高于出口货物的金额，反而造成了中国的白银大量外流，经济利益受到严重损害。"站洋"币作为一种历史载体，见证了鸦片战争以后，中国人民政治上受压迫、经济上受剥削的屈辱历史。研究曾在中国流通的外国货币，对于我们了解外国列强利用银圆贸易掠夺中国财富的罪行，增强爱国主义精神，为中华民族的伟大复兴贡献力量，具有十分重要的意义。

溯源

这枚"站洋"币之于我们家寓意深远。从家中长辈口中，我得知它最初是出现在我的曾祖母手中。曾祖母今年89岁高龄，身体却还很硬朗，有点小孩子的脾气，这也和她年少时的生活有关。老人家曾是地主家的小女儿，从小娇生惯养。据曾祖母口述，她父亲给了她不少宝贝，她都珍藏了起来，这枚"站洋"币也在其中。土地革命开始后，她家自然也成了打击的对象。祖母告诉我说，那时曾祖母将家中值钱之物打包好，我的祖父便把它们藏在村前河埠头下预先挖好的洞中。家中的最后一口铁锅被砸烂时，"站洋"币就静静地藏在洞中，因而幸免于难。

新中国成立到改革开放的这段时期，祖辈们过着食不求甘、坐不重席的生活，他们依靠自己的双手挺了过来，老人们如今对当时的情景仍历历在目。那时家中有一只老母鸡还能下蛋，家里人就拿着蛋去桥头换油豆腐，一个鸡蛋可以换上十个油豆腐，全家人就靠着油豆腐下饭。

1978年，党的十一届三中全会召开，决定实行改革开放的重大决策，爷爷作为七兄妹中的大哥，毅然决然地挑起了养家的重担。他离开家乡，想凭借着这些年积累的薄资，在充满机遇与挑战的深圳，在时代的风口浪尖上，搏一条出路。临行前，曾祖母将"站洋"币递到他的手中。"闯"是那个年代的主旋律。此后，爷爷带着这枚"站洋"币走南闯北，跑过四川，到过北京，闯过上海，为我们家今天的幸福生活打下了基础。

当新世纪的钟声敲响，全世界都在欢庆着21世纪的到来时，我的父亲也开始接过爷爷手中的重担，在福建福州创办了自己的公司，做起了生意。而我们家也终于过上了稳定的生活。在我出生的那年，奶奶将这枚"站洋"币传给了我，让母亲帮我妥善保管。

时至今日，母亲将它示于我，我也能够从历史的角度去了解"站洋"币和我们家的往事，受到不小的震撼。我能感受到这枚小小"站洋"币的背后，是血浓于水的亲情，是一家四世的精神传承，更是祖国日益富强的见证。对我来说，它的意义远非其他一切所能比拟的。毕竟一个人没有了钱可以再赚，一个家族没有了魂，没有了精神依托，其终将是一具空壳。"家是最小国，国是千万家"，自强不息的民族精神和优秀的传统文化，是中国之魂。我们生活在当下，应珍惜这来之不易的和平，传承和发扬这伟大的民族魂，这也是我所认为的学习历史的意义所在。

指导教师：徐小慧

水墨青花

刘道宸◎杭州学军中学2018级7班

一纸婚约是父母之命还是媒妁之言，一张照片是前世姻缘还是今生缱绻，影楼里笑靥如花，画布上水墨青花。让我们一起拨开历史的迷雾，走进那个特殊年代，见证共和国同龄人的爱恨情缘。

——题记

得知学校在组织开展"新中国·老物件"活动，同学们都异常兴奋，想着家里有什么具有年代感的古董，我也不例外。一回到家，我就缠着外婆，看看能不能把家底翻个遍。我扫视家中里里外外，上上下下，把每个柜子和抽屉都打开，却没什么收获。突然，我想到了照片——一本相册里有多少人起起落落的命运，我们所奋斗终生的目的或许是寻找抵抗轮回与虚无的可能，而一本小小的册子，凝固的不仅是时间，更有丝丝情愫。外婆拿来了梯子，从高高的柜子里，拿出了一个盒子，我迫不及待地打开，眼睛像猎人发现了猎物一样闪着光芒。我一眼就看到那张与众不同的照片，照片里的两个人脸上洋溢着幸福的微笑，照片虽然是彩色的，但是很显然和现在的照片有很大区别，边缘平滑，有一种当时流行的西洋画的风韵，画面中女孩的笑好像让全世界都亮了起来，随之而来的应该还有舒畅爽朗的笑声，而男人也含着淡淡的喜悦与女孩看着同一个方向，那里似乎有诗有画，有属于他们的柴米油盐、简单质朴的幸福，也有在社会中实现自我价值的远大目标和理想。外婆告诉我，那时候结婚是大事，在刚刚摆脱包办婚姻的年代里，婚姻神圣而荣耀，所以总是要难得奢侈一回的。照片上的颜色都是照相馆的技师用画笔手工着色的，感觉有点神奇，这应该是一种很有难度的工艺。外婆清清嗓子，娓娓道来："你外公啊，那时其实家里是给他说了一个对象的，在老家，那个姑娘的家庭背景很不错，可是你外公对她一点都不了解，甚至没见过真人。"听到这里是不是觉得故事很老套，可是这真的就发生在外公和外婆身上。他们的见面很偶然，外婆陪好朋友去相亲，外公见到了外婆并一见钟情。外婆说这也许就是缘分天注定，后来，外公就借着各种机会出现在外婆面前，慢慢地，外婆就接受了这个长得并不十分英俊，但为人很踏实又很勤劳肯干的外地人。那时的择偶观和现在的果然有很大区别。讲述爱情故事时的外婆仿佛不是眼前这个白发苍苍的老人，而是一个青丝高绾的妙龄少女。外婆又骄傲地在一堆照片的最底部，翻出一张叠得很整齐，打开与A3纸大小差不多的黄底红字的证书，上面写有"做毛主席的好战士"之类的文字，也带有鲜明的时代特征。

　　听完外婆的讲述，我第一次感觉到历史离我那么近，当教科书上的文字和一个家族或是家庭的故事结合起来，被每一位读者带入情感，历史就像是触手可及的。感谢这次活动让我了解了过往，明白了历史。

指导教师：徐小慧

媒人的提篮

毛艺陶◎杭州学军中学2018级8班

"找到了！找到了！"

那是个春光明媚的下午，爸爸从外面回来，手里提着一个提篮。他微笑着说："你别小看这个提篮了，它也算个稀罕的东西。还记得小时候，每逢喜事都有人来找我们借去用呢！"

提篮在我家的老屋子里已经放了很久很久了，在爷爷还小的时候，它就静静地待在家里。提篮用竹篾手工编制，涂着褐色的漆，做工十分精细。当我们在院子里仔细端详提篮的时候，村里的老奶奶从门前经过，她看到了提篮，点了点头，说："这样的提篮，这样的手艺，现在几乎已经看不到了呀。"

我把目光再投向提篮，老奶奶将篮子的故事娓娓道来：

"在我们那个时候，这个提篮是给媒人用的。我嫁人那会儿也用过呢。在男方提亲的时候啊，媒人用这个提篮装上两斤面条、两斤猪肉提到女方家里去。装这些，有成双成对、长长久久的寓意。等到新娘出嫁的时候，就把篮盖翻过来，放上一双姑娘亲手缝制的新鞋，底下装些糖果和花生，同嫁妆一起带走……"

一幅幅画面在我眼前展开：提着提篮的媒人敲响小山村里的某一扇门，

那大红的嫁衣、精致的新鞋、大喜日子的锣鼓喧天……

在那个年代，或许恋爱没有那么自由，但仍孕育了热烈而诚挚的感情。我的爷爷、奶奶生养了九个孩子，提篮见证了他们的爱情，陪伴着他们将儿女养大成人，我的姑姑和伯伯们也陆续收获了他们的爱情。

如今的社会早已气象一新，但提篮并没有因此被遗忘，老家的人们还是会在办喜事时来借它用。几年前，大风吹倒了我家的老房子，四伯伯特地赶了回去。他没拿别的，就把提篮带了出来。

"别的东西就不要了，这个一定要拿出来。"

在大家心中，这个提篮早已不仅仅是个好看的篮子了，它是我们家、我们村几代人爱情的见证，也经历了时光更替、世事变迁。它象征着过去和现在的人们对美好爱情永久不变的期盼。它告诉我，无论何时都不能放弃对幸福生活的追求。不论贫穷还是富贵，每个人都有权利收获爱情和幸福。

在讲起提篮的故事时，大家脸上都带着些许自豪与怀念。即使是听不清我们讲话的爷爷，也在看到提篮时露出了微笑。随着时光流逝，或许很多事物都会变成过去式，但这绝不代表它们失去了价值。

我们的国家正在不断地变化——变得越来越开放包容，变得越来越好。追寻提篮的故事，让我领略到了学习历史的乐趣，也坚定了继续学习历史的信念。历史，让我们更加了解自己，更加了解社会，也更加了解世界。我们永远不会忘记，我们喊着"找到了！"的时候眼里的光芒和心中的感动。老物件们讲述的动人故事，是每个人都应该听一听的。

指导教师：徐小慧

如是我闻

潘晴雨◎杭州学军中学2018级3班

旧物载事，由光阴挥着刻刀精心镌刻打磨，每一处都蕴藏一段往事；旧物载情，轻声歌颂着乐章，时而欲说方休。时光或许褪去了物件的光华，却拂不去它们承载的故事。走进旧物，了解它们的故事，如是我闻，众生千秋，生灵百态。

——题记

历史的长河奔腾翻涌，而渺小如我们，只会是沧海一粟。人们曾经欢笑，曾经哭泣，但是百年之后，后人只能从史书中了解些许。

若一味地抱怨时光来去太匆匆，自己未来得及施展才华和抱负，或许也只能碌碌此生。

历史的奇妙之处在于，它会通过各式各样的载体留下印迹。这些载体随着岁月流逝，便也成了我们口中的"老物件"。

走进"我眼中的70年——学军中学学生家藏老物件展"，沿着时光长廊，以时间为轴，循着旧物，抵达崭新，这简直是一场时空穿越之旅。

我见到了各式各样的物件，从清朝光绪年间的元宝到2016年G20杭州峰会的纪念册。

父亲听闻我在寻找家中的老物件，在柜子的最里面翻出了一张1956年发行的第二套五元面值的人民币。虽然经过漫长岁月，它的折痕处已然开裂，但上面的纹路图样、中文数字依然清晰如初——票面上，图案、花边、花纹线条鲜明，精细、美观、活泼，具有民族风格。主景为"民族大团结"，人群中有人高举"中华人民共和国万岁""中国各民族大团结万岁"的标语。虽然我未曾经历那个年代，但这五元钱却真真切切地告诉了我——中华民族实现了大团结！我甚至能对那时各族人民因团聚而欢欣鼓舞的心情感同身受。

我又去了外婆家。在外婆书桌的抽屉里，有许多毛主席像章。塑料材质的泛着黄，铁铸的已锈迹斑斑，像章上的文字有"井冈山斗争""为人民服务""吐故纳新""九大"等。我的外婆亲身经历了多个历史时期，对这些像章的感触一定非常深。

在历史书上，当我学习到毛主席一步步领导着中国革命走向胜利，读到邓小平同志所说"没有毛主席，至少我们中国人民还要在黑暗中摸索更长的时间"，一种历史与现实交融的奇妙滋味流入我的心中。通过像章，我似乎看到了外婆在困难时期的精神依靠，看到了我未曾经历的当年——因为我了解了它们背后的故事。

如是我闻我见。

闻我所未闻，见我所未见。

所以我说，旧物都是有生命的，因为你赋予它们意义。就像我2010年在上海世界博览会上买的纪念衫，它让我回想到那年，仿佛看到在人群中拼命往前挤的傻兮兮的自己。

走进旧物，听听它们讲述的故事——如是我闻，众生千秋，生灵百态。

指导教师：金丽君

当"17岁"遇上"70年"

汪程琳◎杭州学军中学2018级9班

　　我的17岁，正好是新中国成立70年。在这极富有纪念意义的70周年之际，我们学军人也举行了一场极富意义的活动——寻找新中国老物件。

　　我家的老物件是一封来自台湾的家书。家书的故事还要从解放战争说起。那时候国民党来淳安农村抓壮丁去打仗，我曾叔公（祖父的叔叔）正值壮年，不幸被抓走参军。后来，曾叔公到了台湾，在那里娶了妻，生了子。

　　曾叔公想回来啊！奈何大陆与台湾之间窄窄的海峡在那个年代却是一条巨大的鸿沟。终于，30年的等待迎来了曙光！ 1979年元旦，《告台湾同胞书》发表，开放"两岸三通"。从20世纪80年代初开始，我们家陆陆续续收到曾叔公的十几封信。

　　"我本想在五月初四回家和您们一块采茶叶的……"

　　"嬗嬗、宪福他们身体都很好，不必挂念。"

　　"建平说我们取得联络将近一年，未曾向我打过招呼，叫我不要怪他。我以前写信给您们，您们告诉我，建平学的是木工，时常在外面工作，我怎么会怪他呢？"

　　"他们三人也很想跟我一起回家看看您们和我的老家。尤其是两个小孩，问我很多次什么时候才能回家，他们要跟我一起回家。"

曾叔公整齐秀气的繁体字，一笔一画，记录的大多是一些问候身体、叙述生活的琐事。但书信中那种一个家庭分隔两地的互相牵挂，那种即使平淡也舍不得断了联系的血脉亲情，却比什么都珍贵。

曾叔公寄来的书信

书信的信封

我能想象爷爷坐在摇椅上戴着老花镜一遍又一遍地看着这来信，嘴里念念有声，仿佛在遗憾又在期盼：相见的那一天究竟还有多远……终于，1987年，台湾当局决定开放台湾同胞赴大陆探亲。20世纪90年代初，阔别家乡近50年，时年70岁有余的曾叔公踏上了漫漫归家路。回乡五六年后，曾叔公去世了。

当我再翻看历史书上的相关内容时，那一行行的文字如同有了生命一般呈现在我眼前。课本上一个个关于两岸交流的史实，竟然都在我的家信中体现出来了！这些家信不仅是亲人间的联系，还是两岸关系的反映。

至今，我的家信已经在杭州学军中学、杭州西湖博物馆、杭州文渊中学相继展出，我以此为主题的演讲获得一等奖，写成的文章更获得了"燕园杯"中学生历史写作大赛国家级三等奖。让更多的人看到这些家书，了解这份历史，我的心中也自有一份欣慰与荣耀。这些家书的意义远超过了曾叔公所想，被我们——新一代的青年人所看见，所记录。

解放战争结束、新中国成立迄今已风雨70载。时间推移，历史在一天天累积。

学历史让我们更懂得尊重长辈，因为老一辈的人是历史的见证者——

他们的回忆中有最真实的历史。不能让历史传承到我们这辈就断了。我希望当我的孩子问起我之前的故事，我不会哑口无言。我会主动告诉他国与家的历史。这是一种传承，也是一种使命。家家户户都懂历史、传历史，中华文化才能源远流长。要想使我们的后代有责任感、使命感，就要给他们讲家族史，我认为这是一种"历史参与感"。

若拙文能让更多青少年看到，我想借此机会呼吁：是时候了，传承家的历史，为了家的延续；是时候了，传承国的历史，为了国的复兴！

指导教师：徐小慧

触摸深情的，找回逝去的

翁莉雅◎杭州学军中学2018级9班

　　我读过很多作家的文，鲁迅的、钱钟书的、杨绛的、张爱玲的……听过很多歌手的歌，周璇的、张露的、李谷一的、蔡琴的……但我不可能从中了解到历史的全貌。真实的历史中，还有饥饿、兵难和无边的荒芜，有毁灭和新生、苦难与欢欣，也许一片土地上的人们还在忍饥挨饿，而另一片土地正欣欣向荣。可在真正触摸到历史的衣角之前，我永远无法发现历史的全貌。

　　当阿太用颤抖的手从雕花衣柜里取出一个长条形的木盒，并珍而重之地抽出木盒的盖时，我看见这张接近姜黄色的、发皱的、被反复翻折过不知道多少次的纸张安静地躺在盒底，连带着她20世纪办下的身份证和几枚表面发黑、满是划痕的"袁大头"。这是我从出生到现在第一次在家里见到可以称之为"文物"的物件。事实上，我觉得这些物件更应该被放置在博物馆某个陈列柜的冷光灯下，经受专家学者或挑剔或探究的目光。

　　但是，阿太似乎没有意识到这些东西有多么珍贵。大概从前她的邻里乡亲每一个人都有那么一张土地房产所有证，被收藏在一层层衣服下面的小木盒里，一放就是十几年甚至几十年，偶尔会被拿出来回味。她把手伸到盒子里，把这张陈旧的证明掏出来，然后展开——毛笔字、紫色的印章还有《中国人民政治协商会议共同纲领》的规定，全都明明白白地显示在这张纸上——有些地方已经被小虫蛀出细碎的孔洞，有些地方已经因为被多次翻折变成古朴的棕色，甚至露出纤维。可是阿太——她只是无言地露出老人常对小辈露出的和蔼的微笑，把这张证明放到我的手上，用中风后已经变得模糊不清的方言叮嘱我看看它。

这时还是盛夏，阳光透过窗棂照射在阿太的碎花衬衣上。阿太是老了，阿公去世后，她变得越发沉默。当我向她询问过往时，她只是给我讲讲抗日时村民躲在山中避难的情形，说罢便沉默地看向窗外，眼神里透露出一些我看不懂的东西。我无言静坐，陪她一起凝望远处层层叠叠的赭色山峦、卷云，还有掠过天空的灰鸽。

我向外婆打听了阿太的故事。阿太年轻时嫁到金凤上街，那时一家人都是农民，安分守己地种地，兵难时便躲到山沟沟里逃避日军的追捕。那时的日子很艰难，但阿公、阿太都熬过去了。20世纪50年代初，农村百废待兴，阿太作为自耕农领到了属于自己家的土地房产所有证。阿太家的房子起初是草屋，新中国成立后才造了木屋。1992年前后，由于夏季时有台风，涝灾频发，木屋重建为砖瓦房。千禧年之后，危房陆续改造，老屋经过加固后，由阿太的儿孙继承。这就是关于这座老屋、这张土地房产所有证明的一切。其实，这座老屋并没有什么特别之处，它只是无数座陈旧的砖瓦房当中足够幸运、没被拆除的一座。

历史车轮滚滚前进，世界潮流浩浩荡荡，谁也无法阻挡。如果我不曾寻找家中的老物件，也许老一辈的过往就会被遗忘。最终，再也没有人能够清楚地了解我们从哪里来，我们为什么身在此处。一件件旧物因岁月流逝褪色了，可它们是有人情味的。它们让我以敬畏之心看待过去，铭记历史中的深情。

指导教师：徐小慧

欢迎回家，我们的紫荆花

金科◎杭州学军中学2018级14班

1997年6月30日晚上。

激动人心的时刻即将到来，家家灯火通明。爸爸端坐于电视机前，双眼紧盯着电视机屏幕上那些身着军装，迈着整齐步伐的军人，心情异常激动。爸爸观看的是香港主权交接仪式的现场直播。

爸爸说：早在1982年撒切尔夫人访华时，中国与英国就开始商谈解决香港问题。1985年《中英联合声明》正式生效，香港进入了回归祖国前的过渡期。教科书将1997年7月1日这一神圣的日子记入课本，让像爸爸这样的青年学子们翘首以盼。

爸爸犹记得当时的学校，鲜红色的横幅拉起，人们竞相奔走相告：香港回来了，我们的"紫荆花"回来了！

歌曲《我的中国心》中唱道："洋装虽然穿在身，我心依然是中国心……就算身在他乡也改变不了我的中国心。"

这是一种民族认同感，一种文化自豪感。香港回归祖国的怀抱，不仅有利于推进祖国的和平统一大业，促进我国的社会主义现代化建设，有利于促进香港地区的繁荣稳定与发展，更是"一国两制"伟大构想的成功实践。

思及近代中国的险象环生，思及祖国母亲痛失"紫荆花"的无奈，香港回归向世界宣告了中国对领土主权的重视。同时，香港回归的成功实践也为许多国家和地区以和平方式解决历史遗留问题提供了典范，彰显了中国作为一个大国的责任与担当。

香港的回归是一个新的历史起点。我们斗志昂扬，为祖国和民族的美好明天奋斗着，祖国亦用它那愈发强健的臂膀将我们环抱。

那夜，举国欢庆。

随后，爱集邮的父亲特意寻觅来了这张当时面值几十元的邮票，寄托他对香港回归的激动之情。像这样美好的夜晚，值得时间为它停留，停留在邮票里那庄严无比的五星红旗上，停留在我们的心头。

此次"新中国·老物件"活动让我寻觅到了这样弥足珍贵的宝藏，聆听了老物件们的心声，读懂了老物件背后的故事，从身边的小事发现新中国成长的足迹。我也逐渐懂得何谓民族自豪感，更明白要付出努力来守护我亲爱的祖国。

指导教师：杨熙铭

文化，是民族的，更是大众的

王若颖◎杭州学军中学2018级10班

　　"新中国·老物件"活动让我有了一个契机，通过家中的两本老书，去了解历史。

　　第一本书是《河北中药手册》（科学出版社1970年版）。2015年，屠呦呦因发现青蒿素获得诺贝尔奖，中医药这个名词再一次引发了公众的关注。中医药在世界上的地位越来越重要，年轻一代对它却知之甚少。对于这本书背后的那个时代——或者说我外婆"上山下乡"的时候来说，也许书中记录的这些草药能够解决燃眉之急。"赤脚医生"是对"半医半农"卫生员的亲切称呼。他们曾是我国农村最基层的卫生技术人员，是新中国成立后农村合作医疗制度下的产物。作为我国农村合作医疗的主要执行者，他们为缓解当时农村的医疗卫生难题做出了积极贡献。

　　我对书中的"半枝莲"的印象比较深，因为我的外婆曾给了我她自己种的半枝莲，并且细细讲述了它的功效和食用方法。作为经历过"上山下乡"的"赤脚医生"，外婆对于中医药敏锐的洞察力和不变的热爱也激励了我们这一辈的孩子开始去了解中医药。

　　屠呦呦说过："中国传统中医药是一个宝藏，值得我们多加思考，发掘提高。"如果我们能更深入地去了解并发挥中医药的作用，也许能促进我们的传统文化与现代科技更好地融合。

另一本书是《四角号码新词典》（商务印书馆1950年版）。我外公和外婆都是中学老师，比较注重对孩子的教育，因此在当时较为落后的经济条件下仍毅然买下了这本词典。当时书本不是特别普及，获取知识的方式也比较单一，所以这本书特别珍贵，我妈妈把它保存至今。四角号码查字的方式对我来说特别陌生，不过这种完全按照一个汉字的形态来给汉字标号的方式虽然看起来复杂，但是它能够让我们较准确地记住汉字的写法而非仅仅是读音。如果说汉语拼音体现的是汉字的音韵之美，那么四角号码体现的则是字形之美。虽然现在电脑输入法使用起来非常便捷，但是当提笔忘字的现象越来越多时，我们需要思考，如何着力避免手写汉字的能力退化。

这两本书都来自20世纪。对于各种草药的功效，现在已经有更加详尽、科学的研究考证；而四角号码查字也已经很少被人们提及。重温这两本书和它们背后的故事，并不是追求"复古"，而是借此梳理了解文脉。

人们常说历史是一个国家的根基，文化是民族的纽带，我觉得这句话非常在理。文化是民族的、大众的，与我们每个人、每个家庭的过去和现在息息相关。去了解自己家中承载的历史和文化，比我们机械地学习相关知识更能增进文化自信感。传承文化、发扬文化是我们这一代的责任。

指导教师：钟徐楼芳

母亲与邮票的故事

方俞历 ◎ 杭州学军中学2018级13班

我的母亲单单喜欢收集邮票。

这是母亲从小就开始培养起的爱好，并一直延续到她工作以后。母亲小时候，因为家庭经济条件不允许，大多数邮票都是从别人寄给她的信封上撕下来的。母亲说，童年时，每当邮递员来送信，她便非常快乐。每次一拿到新的邮票，她便会小心翼翼地把它放入集邮册中；每当闲下来时，她便把集邮册拿出来翻看。母亲一直想要收集齐五岳的邮票，可是关于衡山的邮票她却一直无法找到，这也成为母亲小时候的一大遗憾。

母亲最享受的是将邮票放入集邮册的时刻，每当这时，她心中就会有一种说不出的满足感。母亲说："收集邮票是一个漫长的过程，一开始你的集邮册中可能只有那么几张，可是当日子一天天过去，集邮册中的邮票多了起来，你就会感受到收集邮票的意义。"受到她的影响，母亲班级里的一部分同学也开始收集邮票，母亲也经常给同伴们展示自己收集的邮票。她认为，收集的邮票不单单可以给自己看，还可以与他人一同分享，这也是收集邮票过程中的一大乐趣。

母亲工作以后，手中便有了一些闲钱。母亲经常往邮局跑，她买的邮票的画面丰富多彩，从天上飞的到水里游的，从高山到大江大河，几乎无所不有。

邮票上的图片见证着时代变迁，从自行车、摩托车到私人轿车，从工业化时代到信息化时代，从新中国成立到改革开放，一张张邮票记录着时间的流逝，也记录着母亲的成长。其中有些邮票上的图片已十分稀有珍贵，我清晰地记得，在集邮册中有一张长江三峡开工前的原貌照片。

母亲还时常会买一些印了名人头像的邮票。比如在集邮册中有几张关于孙中山先生的邮票。孙中山先生领导了辛亥革命，推翻了清朝政府，推动了第一次国共合作，动摇了帝国主义在中国的势力，是中国民主革命的伟大先驱。

母亲的集邮册中不仅仅有邮票，还有粮票、电影票存根。母亲说，这些东西都是她宝贵的记忆，其中有一张电影票的存根，还是母亲第一次去看电影时留下的，这对她来说有着非凡的意义。

邮票就像历史档案，把祖国的历史展现给我们；邮票就像百科全书，把祖国的地大物博展现在一张张小小的纸片上；邮票就像一幅幅精彩的画卷，把祖国的美好山河展现在我们的眼前。

指导教师：谢志龙

过去的门票，门票的过去

秦雨扬◎杭州学军中学2018级13班

二三十年前的一天，外公带着妈妈从偏僻的乡村启程。那个时候，车、路还很少，几座高大的山既是村民们赖以生存的土地，也是阻隔他们与城市的天然屏障。顺着一条两三米宽，差不多没过膝盖的小溪，看着满山的翠绿，他们跋涉到了小小的淳安县，在淳安登上一艘悠悠的船，七八个小时后，再搭上一辆颠簸的公交车来到大城市杭州。

在杭州，有雄伟的六和塔，有庄严的岳王庙，还有美丽的花港观鱼，更有灵秀的虎跑泉；最重要的是还有外公带着母亲的欢笑声，或许外公在和母亲讲述着自己十几岁时一个人去北京，在红卫兵的帮助下见到了伟大的领袖毛主席的故事。

吃一个五分钱的糖水冰棍已经可以让母亲高兴一个下午，那次杭州之旅更让母亲记忆犹新。那个时候，能来一趟杭州，还看到那么多的名胜古迹，是多么快乐，多么自豪，多么令人羡慕的一件事情啊！所以母亲将这几张景点门票小心翼翼地夹在书里，她又怎能想到，现在正好有了这样一个让门票展示在世人面前的机会。

这几张小小的门票，承载着外公对母亲深深的爱，也诉说着母亲对美好童年的回忆，更是母亲教育我不忘那个艰苦年代的例证。

一张张门票写满了那个年代的故事：花港观鱼门票图案上人们的衣服，正是那个时代流行的；黑白印刷的岳王庙门票如今更是罕见；六和塔门票上那个若隐若现的红色边框，正悄悄告诉着人们它是印章的印记。

像门票这样的小物件，是我们传承文化的物质载体，也是联系一代代人的纽带。

回忆过去，珍惜现在，展望新的未来——回忆那个物资匮乏的年代，珍惜当今丰衣足食的时代；回忆那个贫困落后的时代，珍惜当今经济社会持续发展的辉煌。这一切，是广大劳动人民艰苦奋斗出来的，是一个个像袁隆平、屠呦呦这样的科研工作者努力攻关换来的，而不久的将来，就到了我们这一届学军人展示自己有德有实有才的领军人形象的时候，我们任重而道远。

当年那个懵懂的孩子，如今已成为母亲；那个健壮的男子已白发苍苍——光阴易逝，我们更应该珍惜时间，努力创造更好的未来。

指导教师：谢志龙

第三章
物传精神，引发积极反响

弘扬传统文化与涵育学科素养

戴晓萍◎浙江省教育厅历史教研员、特级教师

2019年，新中国成立70周年之际，杭州学军中学历史教研组策划开展了"新中国·老物件"系列活动。该活动是学军中学为庆祝新中国70周年华诞举办的庆典中的一个重要组成，体现了学校在立德树人、培根铸魂方面的重要成果。从活动策划、物件寻觅、展览呈现到演讲比赛，学军中学的历史教师付出了很多心血，也体现出学军中学的师生走向社会大课堂、拓展日常教学的一大创新。

"新中国·老物件"系列活动之演讲比赛浓缩了整个活动的精华，演讲者的慷慨激昂让所有在场的同学感受到了老物件所承载的中华优秀传统文化、革命文化、社会主义先进文化的内涵与精神，从而涵育了历史学科素养。参赛选手家庭的老物件及其背后的故事我都一一记录了下来：一枚银圆展现了解放战争时期的历史，一本旧《辞海》则是社会主义建设初期的缩影，家里的老房子见证了中国共产党"浙江省一大"的召开，"彼岸的信件"体现出两岸民众的聚散离合，"祖国在召唤"反映了社会主义建设初期的筚路蓝缕。还有物质价值很高的古钱币——"站洋"币，其蕴涵的意义

已经远远超过其本身的价值，更在于其精神的传承，引用林瀚同学的话来说就是"一个人没有了钱可以再赚，一个家族没有了魂，没有了精神依托，其终将是一具空壳"。还有蒋正阳同学带来的外公的手表，可能现在看来就是一块极其普通的手表，但是这是当时"外公用四个月工资所得购买"，意义非凡。还有"一章一记"，每一枚徽章都承载了一代人的青春。黄智霖同学带了爷爷、奶奶的结婚证书，爷爷、奶奶冲破当时不同阶级成分的阻挠，勇敢地在一起，正是社会主义建设时期的历史现象。褚思齐同学展示"外公的钟表修理箱"时说了一个历史名词"一化三改造"，这正是社会主义三大改造的历史内容。历史是过去的岁月，历史是鲜活的，历史就发生在每家每户中。

我和在场的同学们一起倾听故事的时候，眼前浮现出12幅历史画面，我相信10年后、20年后、30年后，大家还会记得学军中学礼堂里的这些场景，记得12位同学讲述的关于老物件的鲜活故事，而这正是学习历史的意义所在。有人说"历史是任人打扮的小姑娘"，这表述的是历史叙述的主观性，而历史本身是客观存在的，这正是历史的两重性。

每个人都可以叙述自家的历史：我曾经去过腾冲，那里曾是中国远征军抗击日军的战场，我的大伯在野人山战役中牺牲，衣冠葬于那里；前年去世的另一位伯父是新中国第一批留苏的大学生，学习的是新中国成立初紧缺的农学专业；还有一位伯父是工程兵，参与了原子弹的制造工程。这些人都是我的亲人长辈，他们的经历是和家族密切相关的，正是这一位位先辈以自己的身躯谱写了共和国的辉煌。我们教科书中的历史叙述是由远及近的，是体现了国家意志的国家记忆，而国家记忆是由个人记忆、家族记忆和群体记忆共同组成的；当下我们所述的历史是由近及远的，这恰恰告诉我们，历史不是故纸堆，我们出生前发生的事情也与我们有关，历史是鲜活有温度的。相信很多年以后，在场的同学依然会记得今日这个鲜活的有温度的历史时刻。

请大家思考我们为什么要学历史——因为我们需要掌握教科书中体现

的国家记忆，掌握那些每一位中国人均需知道的历史知识。我们学习历史的目的是什么呢？所谓通古今之变，是为现实寻因、寻根，解决现实问题。怎样才能学好历史呢？借用钱穆先生的话："对历史，尤其是本国的历史，要有一种温情之敬意，同情之理解。"即对本国历史怀有敬畏之心、认同之感。那如何才能做到呢？这就需要同学们培养历史思维，特别是批判性思维，具有质疑的精神；但是切勿两元对立，贴标签，批判性不等于对抗性，还要避免封闭性思维，将历史问题简单化理解。

最后，我以"求真、求通、立德"六字与大家共勉。历史是人文科学之母，大家在掌握"历史的真实"的基础上，要"求通"，对人对事努力通达、通彻、通透，这对大家的未来发展都大有裨益。"立德"就是需要我们通过各类活动，培养家国情怀，将个人的发展与国家的未来紧密结合在一起。

参展学生家长感言

感谢有温度的历史

李谙
杭州学军中学2018级10班陈诺同学母亲

作为家长，我觉得"我眼中的70年——学军中学学生家藏老物件展"是一次让历史有温度地走出历史书的有益尝试，意义和成效不言而喻。

首先，这次活动有温度地联结了历史和现实。在寻找老物件及其故事的过程中，女儿通过访谈长辈、上网查询相关史实、研究有关专家学者的文章，非常生动直观地感受到了每个老物件都是时代的印证，她的内心被极大地触动，她读懂了并更深层次地理解了改革开放史，这也有助于她建立一个反观现实和自己的参照系，更好地形成正确的世界观、人生观，并以历史的、发展的视角去看待、思考现实中的问题。她真切地感受到了祖国的发展和社会的变迁，感受到了个人成长、小家发展与国家命运紧密相连。

其次，这次活动有温度地联结了家校。一开始，我们家长觉得这只是一次课外作业，高中生时间紧、任务重、压力大，能差不多应付过去就好了。后来女儿说，金丽君老师多次强调这个活动很有意义，一定要全家认真参加。在仔细地向金老师了解了举办这个活动的来龙去脉、创意内涵、目的意义、设想期望后，我们觉得这是学军中学历史教研组老师们真正在用心用情育人，他们为了这次活动付出了大量的精力和心血。有这样"一切都是为了孩子"、这么用心用情的老师，我们家长怎么能不全力配合？我们很快就全家总动员起来，翻箱倒柜，甚至驱车百里回到尘封多年的老家老屋里去倾筐倒庋。女儿外公从他油漆斑驳的大木箱里翻出了20世纪50年代的房屋契证、结婚证，20世纪60年代的"先进生产工作者"奖状和奖品。女儿爷爷从老屋里找到了20世纪30年代的家具、50年代的农作具、80年代的电视机，等等。可以说，这次活动很好地画了一个家校同心圆，圆心就是对孩子的教育成效。

再次，这次活动有温度地联结了祖孙三代的情感。平时因为功课忙、作业多，女儿在家时总是只顾着看书、做作业，学习之余看看手机，可以说很少与长辈进行深层次的长聊深谈。这次为了探究老物件背后的故事和历史，女儿与我们一同认真准备了若干问题，老人们个个神采飞扬、如数家珍，仿佛时光穿越回了当年梦想激荡的年代，一聊就聊了几个小时，氛围甚是融洽。在探究访谈的过程中，女儿经常被长辈们的故事感动得热泪盈眶，她说："知道你们以前穷，但不知道居然有这么穷；知道你们以前苦，但不知道居然有这么苦。真是不容易啊！"确实，让衣来伸手、饭来张口的当代青少年真正了解和懂得这些年翻天覆地的变化，没有有效的路径和载体，真是一件很不容易的事情。通过访谈，女儿深切地感受到了长辈们不畏艰难、吃苦耐劳的奋斗精神和对美好生活充满憧憬向往的革命乐观主义精神，深刻地体悟到了长辈们的不容易。访谈进一步加深了三代人的感情，也让女儿更加懂得了爱与被爱、感恩与珍惜！

最后，请允许我们家长向策划组织这么有思想、有创意、有内涵、有意义的活动的老师们说一声："你们辛苦了！衷心地谢谢你们！"

杨小青

杭州学军中学2017级11班翁心悦同学母亲

在"新中国·老物件"系列活动中，从选定镜子到挖掘故事，我家的小姑娘经历了史料收集、对比求证、去伪存真等历史研究环节。最后，她合理取舍，透过文字，"演义"了外公外婆、爸爸妈妈的故事，让镜子有了灵魂。

确实，在时间长河中，除了历史大事件，更多的是关于亲情、爱情、友情的故事，此谓"历史的温度"。

作为故事里的"妈妈"，我在南山路的杭州西湖博物馆，一眼就看到了摆在最前面的镜子。我仿佛看着镜子从历史中走来，见证了我们的人生轨迹，见证了国家的沧桑巨变。感谢女儿翁心悦，把黄土高原的情怀揉进了江南的细腻，更感谢这次活动——它不仅是家校共育的实践，还延续了亲情，传承了历史。

感谢有温度的历史。

秦琪

杭州学军中学2018级1班郑宓雪同学母亲

一个周末，女儿要找家中的一个老物件。她四顾后，发现了静静躺在书柜里的那套第1版《平凡的世界》。"就是它了"，她说。

记得那是1988年，随着中央人民广播电台长篇连播，小说《平凡的世界》迅速传遍了大江南北，我每天定时守候在小小的收音机旁——那是当时我一天中最期盼的时刻。所以，当它的第一部发售时，我和妹妹就毫不犹豫地去新华书店买了一本回来。小说热播时，第二部还是校样，第三部还只是手稿，我和妹妹再次凑了自己的零花钱及压岁钱，预订了它的后两部，掰着手指焦急地等待。这套书，我记不清到底读过多少遍，记不清借给过多少人，在那个物资短缺的年代里，书本带给我们的快乐是那么丰厚。这套书买来后就被我仔细地包上书皮，经过这么多双手的抚摸，它的书页早已泛黄，但全套三本书却无一处残缺破损。

关于这套书的故事，女儿已不止一次从我们姐妹口中听说，她也不止一遍地读过它。现在，我们可以从网络书店或实体书店便捷地获得各种各样的书籍，摆满家中一个又一个的书架，但当年这部小说以及获得它的过程仍令我们感慨，那是我们那个年代的人共同的回忆。

时代在变，有些东西却是不变的，比如对书籍的热爱，会代代相传。

潘醒
杭州学军中学2018级6班潘一冰同学父亲

传承自己家族的历史，自然是每个家庭的必修课，无论时代如何变迁，这种传承依然是家庭生活中很重要的一个部分。我曾设想过许多方式，来把这段家族引以为傲的历史讲给儿子听，但终因种种不便而搁置。这次看到了学校发的通知后，我知道机会来了。

这种方式虽在我的意料之外，但想来却又是最好的方式。看别人的老物件时，他能了解相关的沧桑历史，那一些或心酸，或得意的往事；看自家珍藏的纪念章和慰问信时，他能涌出自豪、珍惜之情。我希望他们这一代能继续扛起时代的重担，为国为家，再次写下辉煌的篇章，把家风、国风继续传承下去！

家的老物件，国的新征程
——我眼中的 70 年

刘会君

杭州学军中学2018级10班史雨晴同学母亲

　　家里的一封电报被女儿选中参加"我眼中的70年——学军中学学生家藏老物件展"。这封电报既是我们珍贵的个人记忆，也见证了社会的发展。那是20多年前丈夫从外地到杭州途中发给我的电报，当时通信方式没有现在这么发达，手机不像现在这样普及，电报是当时最快捷的通信方式之一。通过此次展览，我们也回顾了通信方式和通信设备的发展过程，从车马邮路到即时通信，从见字如面到万物互联，时空在变化中逾越，距离在发展中变短，效率在变化中提高。通信工具的发展、通信方式的变迁，已经深刻地改变了我们的生活，这是改革的成果，也是我们幸福生活的一个侧面。

李丰

杭州学军中学2018级11班翁莉雅同学母亲

　　我们这一代人比起年轻一代更能直接感受到中国是以一种怎样的速度快速发展的。在城市化进程中，凤凰牌自行车、上海牌手表、缝纫机和收音机不再流行，我们也淡忘了太多过去。"新中国·老物件"活动使历史书上的文字变成具体可感的社会生活的一部分，它是一种真实的证明。深入理解这种真实，我们更能体会"不忘初心"的微言大义。青年人在新时代的浪潮中要昂首前进，要以史为鉴、心怀感恩，要树立正确的历史观、民族观、社会观，培养"文化自信"——"新中国·老物件"活动引领学生们开展了积极的探索。

146

茹卫明

杭州学军中学2018级11班茹祎同学父亲

孩子非常有幸能够参加学校组织的"新中国·老物件"系列活动，我们家长在这个过程中明显感受到了孩子的成长。孩子从挑选家藏老物件开始，到挖掘老物件背后的故事，最后在老师的指导下，形成文字稿。随着活动的步步深入，孩子加深了对长辈的了解，增强了责任感，也初步体验了搜集整理史料的过程，提升了写作水平和历史学科素养。而后，文章的获奖和发表也极大地增强了她的自信心，进一步提升了她学习历史的兴趣。这次活动契合当前社会热点和时代主题，让我们感受到了学校老师的用心、用情，也让孩子真正感悟到历史不仅是书本上清晰的知识，更是温暖的人间故事。

展览观众感言

从老物件中感受时代变迁

"我眼中的70年——学军中学学生家藏老物件展"分享了弥足珍贵的家国记忆，反映出了波澜壮阔的时代变迁。前来参观展览的人们在留言册中写下了心中感慨——

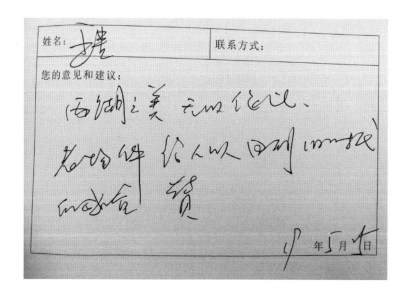

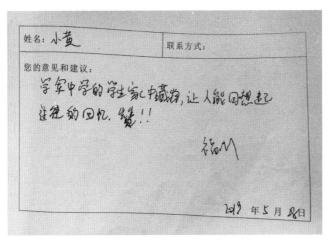

姓名：小黄　　　　　联系方式：

您的意见和建议：

学军中学的学生家中藏物，让人能回想起往昔的回忆。赞！！

2019 年 5 月 8 日

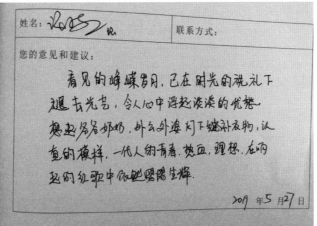

姓名：　　　　　　　联系方式：

您的意见和建议：

看见的峥嵘岁月，已在时光的洗礼下退去光芒，令人心中浮起淡淡的忧郁。想起爸爸奶奶、外公外婆灯下缝补衣物，认真的模样，一代人的青春、热血、理想，在响起的红歌中依旧熠熠生辉。

2019 年 5 月 27 日

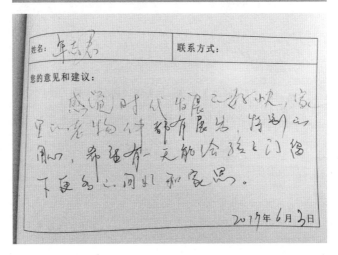

姓名：牟志君　　　　联系方式：

您的意见和建议：

感觉时代发展之好快，家里的老物件都有展出，特别亲切，希望有一天能给孩子们留下更多之回忆和家思。

2019 年 6 月 3 日

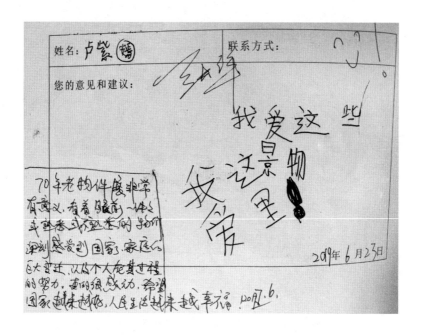

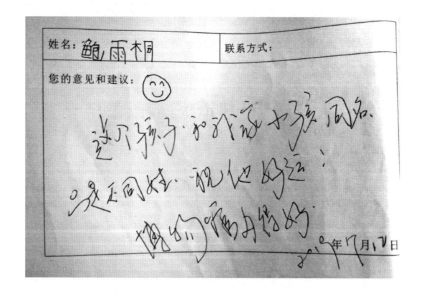

中国教育在线

学军中学展出500多件（套）压箱底的老物件，新中国的发展史被"串"起来①

陈显婷◎记者　周仁爱◎通讯员

一个老物件能够反映一个时代的发展变迁。今年是新中国成立70周年，在这个大背景下，5月17日，杭州学军中学与杭州西湖博物馆联合举办了一场以"我眼中的70年"为主题的学生家藏老物件展。据介绍，在一千多平方米的展厅里，共有500多件（套）老物件，全部来自学生的家藏。本次展览的展出时间将持续到7月16日，期间免费向广大市民开放。

这些老物件，不仅是家庭情感的传递，更是时代变迁的印证。在展览现场，记者看到了很多十分珍贵的老物件，有1954年《中华人民共和国宪法》、"两弹一星"纪念章、抗美援朝纪念章、立功证明书、"和平万岁"章、"站洋"币、南极科学考察照片、媒婆的提篮，以及钟表修理箱、镶有钻石的手表、见证父母爱情的电报、学军中学语文老师集体参与编写的《汉语常用字典》等。

这些老物件不仅稀有，而且保存得十分完好。20世纪三四十年代的钟

---

①本文原发表于2019年5月17日，见http://www.eol.cn/zhejiang/zhejiang_news/201905/t20190517_1659296.shtml。

表修理箱是学生褚思齐的家藏，据她介绍，她太公出身贫寒，从一个走街串巷的钟表修理师处学得了修表的手艺，一直靠这个养家糊口，即使在战争时期，也没有把钟表箱丢下。"我外公在小学毕业后，跟太公学了修钟表的手艺。改革春风吹来，这只钟表修理箱也迎来了新生。"

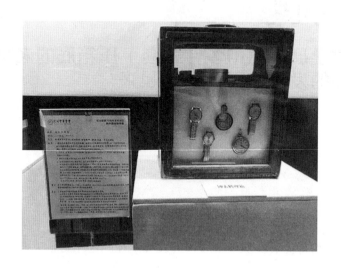

当时褚思齐的外公放弃了维修钳工的"铁饭碗"，辞职下海，开了一家钟表修理店。20世纪80年代，手表作为"三大件"之一已经走进千家万户，钟表修理店生意兴隆，外公的月收入达到一百多元，外公家还成了全镇最早的万元户之一。

"这只钟表修理箱见证了中国80多年的历史，经历了中国20世纪两次伟大的历史性巨变，也凝聚着我的祖辈们辛勤劳动、勇于创新的精神。"褚思齐说，在寻找老物件的过程中，她惊奇地发现，历史这个很宏大的学科突然被凝聚在一个很微观的物品上，家里的一个小小修理箱就能把一系列历史进程串联起来，这真的是一段非常奇妙的体验。"原来，个人与国家的命运是如此紧密地联系在一起，我在为祖辈们感到骄傲的同时，也加深了自己的家国情怀。"

展览现场，不少老物件都有浓厚的历史感。其中一个老物件对学军中学来说，意义非凡——一本已泛黄的《汉语常用字典》，由王璐同学提供。据介绍，这本字典是学军中学语文教研组老师和杭州大学的教授一起编写的，1973年4月由浙江人民出版社出版。

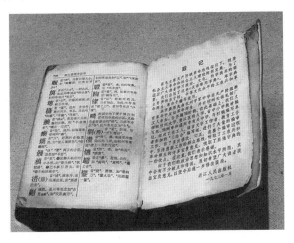

这本字典原先由学军中学发动师生编写，并有杭州长征轧钢厂工人参加，合作完成了初稿。在此基础上，杭州大学、浙江医科大学、浙江省中小学教材编写组、杭州市和温州市有关中学，与初稿编写单位共同组成了由工人、语言文字工作者、教育工作者参加的"三结合"编写组，进行了大量的编审工作，做了多次修改、订正。

据学军中学西溪校区历史教研组组长金丽君介绍，今年3月起，学校开始面向高一、高二学生征集具有年代感的老物件。"同学们翻箱倒柜，倒腾出不少祖传的老物件，把它们带到了历史课堂和博物馆。"金老师说，各式各样的老物件让同学们感受到了长辈们在新中国建设中做出的贡献，"每一个老物件都是一个时代的印证，长辈们的奋斗史也是我们国家的发展史。这样的活动，使家和国在学生心中交融，让学生更深刻地感受到新中国的发展和时代的变迁，更具有历史责任感和家国情怀。"

本次"我眼中的70年——学军中学学生家藏老物件展"中的老物件，覆盖了新中国成立以来的各个年代。学军中学校长陈萍表示，本次活动让学军中学的同学们通过老物件将100多年的中华民族复兴史以及新中国70年的建设史串联起来，"新中国的70年，是一部奋斗史，更是一部自豪史。这些老物件让同学们更加生动、直观地感受到了中国历史的发展进程，同学们的历史使命感和民族自豪感油然而生"。陈校长说，年轻一代的同学们，将在"新中国·老物件"活动中进一步理解历史、读懂历史。

《钱江晚报》

12件"传家宝"的故事，杭州这群高中生讲出家国情怀①

沈蒙和◎记者　周仁爱◎通讯员

昨天下午，《钱江晚报》记者在杭州学军中学西溪校区听了一场故事会——只见12名高中生轮流上台，讲述自己家"传家宝"的故事。每个故事都流露出浓浓的家国情怀。

其实，这是学军中学"新中国·老物件"学生演讲比赛的决赛现场，也是该校"新中国·老物件"主题活动的收官环节。

活动在今年3月启动，由学校历史教研组发起。老师们鼓励每一名同学去寻觅家中最有价值的老物件进行展览，并把老物件背后的故事和历经的岁月摸清楚，说出来，于是就有了这次的演讲比赛。经过初选，最终有12名优秀演讲者入围决赛，登台PK。

几个月前，《钱江晚报》记者曾专门报道过学军中学的老物件展览。全校学生拿出了数百件"传家宝"：有跨越近百年历史的钟表修理箱，有抗美援朝纪念章、"两弹一星"纪念章，也有老底子的粮票、收音机，甚至还有

---

① 本文原发表于2019年10月14日，见http://www.thehour.cn/news/314341.html。

镶着钻石的手表、市值百万元的"站洋"币……这些展品后来走进杭州西湖博物馆展出，还吸引了大批杭州市民前往参观。

该校师生一致认为，比起这些"传家宝"，更珍贵、更值得关注的是它们背后的故事，是新中国70年来的巨大变迁。昨天登台演讲的12名同学，讲的正是关于这些老物件的动人故事。

两枚纪念章

2018级6班男生潘一冰，是戴着两枚纪念章站上演讲台的。因为这两枚纪念章就是他的"传家宝"。

纪念章的真正主人是潘同学的太爷爷。"抗美援朝战争时，我太爷爷是一名从事后勤工作的战勤司机。1950年，他应召入伍，赴朝鲜参战，从民用汽车的司机变成军车的驾驶员。他在1952年和1953年获得了这两枚纪念章，还有一封慰问信。对于忘我牺牲、无私奉献的战士们来说，这便是最好的礼物了。"潘同学说。

在寻访纪念章背后故事的过程中，这位高中生了解到，后勤部队并没有大家想象中那么"养尊处优"，运输线上同样危机四伏。天空中美国飞机轰炸扫射，地面上山路崎岖，行进困难，战勤司机的伤亡率甚至一度超过前线作战部队。

战争期间，太爷爷曾寄回从美军手里缴获的棉被和睡袋，后来这些被潘同学的爸爸一直用到初中。家里人记得，装这些东西的包裹上沾满了鲜血，他们猜测是运输线上的战士为护送物资流下的热血。据潘同学的太爷爷说，在一次运输中，他的一个战友打头阵，正碰上美国飞机的轰炸。战友的车中了弹，运输的炮弹燃起熊熊大火，此时如果跳车，仍然可以生还，但他选择将汽车开下山崖，只为了不让炮弹爆炸导致道路毁坏，造成后勤运输的中断。

"了解到这些感人事迹之后，我对战争也有了新的理解。战争不只是荣耀、报国的赞歌，更是一首首忘我牺牲、无私奉献的交响乐。"潘同学总结说，"我们的学校叫作学军，我们应该学习军队吃苦耐劳、永不言败的精神。高中三年，我们虽不可能建立如此伟大的功勋，但努力学习，为将来报效祖国打下坚实基础，同样是挥洒青春、不负韶华的最好方式。"

一本《辞海》

来自2018级10班的阙子昂，带上演讲台的是一本1979年版的《辞海》，书和历史一样厚重。

这本书定价为28.9元，在那个"一根冰棍三分钱、一袋大米一块二"的年代，绝对是价值不菲。这样昂贵的一本书，怎么到了阙同学家里呢？2015年暑假的一天，他在江苏盐城的祖宅中发现了这本书，缠着祖父打听书的由来。

这本《辞海》属于阙同学的祖父，打开扉页，上面粘着一张小签，其上赫然有祖父的名字。小签上的内容是这样的："奖给阙正方同志：在厂长、经理全国统考中取得优异成绩。署名：江苏省经济管理干部委员会，一九八五年一月。"原来，1984年3月，在江苏盐城担任人民商场经理的祖父收到文件，全省在年底将举行一次统考，考查经济管理干部对自党的十一届三中全会以来各项政策的了解以及基本的经济管理知识。祖父把这件事看得很重，认真准备了大半年，12月前往南京参加考试，结果全省5000人中产生4个"双优"干部，其中之一就是他。

"这本《辞海》，就是作为考试成绩优异者的奖品来到了我们家。祖父说，当时自己的幸福，丝毫不亚于新婚时的兴奋与感动。"阙同学告诉大家，"4年一晃而逝，如今我再次亲手触碰这本厚重的书，感觉与这本书和它背后的故事，再没有什么阻隔了。故而我一直相信，再久的历史也有温度。"

一封家书

听完2018级9班汪程琳讲的故事，许多人热泪盈眶。她介绍的老物件，是一封来自台湾的家书。

家书的主笔者，是她的曾叔公。当年，被抓壮丁的曾叔公在战争中幸存了下来，在台湾娶妻生子。曾叔公想回来，奈何台湾与大陆窄窄的海峡在那个年代却是一条巨大的鸿沟。终于，30年的等待迎来两岸关系转好的曙光。1979年元旦，《告台湾同胞书》发表，开放"两岸三通"。从20世纪80年代初开始，汪同学家陆陆续续收到曾叔公的十几封信，她这次带来的那封家书就是其中之一。

"嫚嫚、宪福他们身体都很好，不必挂念。"

"他们三人也很想跟我一起回家看看您们和我的老家。尤其是两个小孩，问我很多次什么时候才能回家，他们要跟我一起回家。"

曾叔公整齐秀气的字迹，一笔一画，记录的大多是一些问候身体、叙述生活的琐事。但书信中那种一个家庭分隔两地的互相牵挂，那种即使平淡也舍不得断了联系的血脉亲情，却比什么都珍贵。

20世纪90年代初，阔别家乡近50年，时年70岁有余的曾叔公终于踏上了漫漫归家路。他颤抖着从随身的包裹里掏出一枚枚金戒指赠予每一户亲戚。"爷爷说，很难想象生活拮据、身体欠佳的曾叔公是怎样攒下了买这些金戒指的钱。我想这就是他给这片生他养他的土地，这些数十年未见的亲人的最后的馈赠。"汪同学说到这里，台下一片静默。

这封家书，让汪同学意识到，课本上的史实都在自己家一一验证了。"两岸同胞是一家人，原来历史真的离我这么近！"汪同学说。2019年4月7日，祖父去世了，这封信也因此传到了她手里。"这一封有温度的信不仅见证了爷爷和曾叔公的联系，大陆与台湾的联系，更加深了我对上一辈人的了解。是时候了，传承家的历史，为了家的延续；是时候了，传承国的历史，为了国的复兴！"

　　与其说这是演讲比赛、老物件展示，不如说是每一个家庭的情感传递，更是新中国一步步变迁的最佳印证。

后记

2019年是值得回望的一年：于国，五四运动100周年、新中国成立70周年、澳门回归20周年；于家，我的孩子求学迈出了国门；于我，最大的喜悦在于和历史教研组里的同事们组织开展了一场以"新中国·老物件"为主题的系列活动，以历史学科史料实证的方式，坚持上好一堂长达8个多月的凝聚家国情怀的"思政课"，献礼新中国的70年！

清人龚自珍有言："欲知大道，必先为史；灭人之国，必先去其史。"站在新中国成立70周年这一重大历史节点上，历史教师有责任去思考：如何发挥历史学科在传承国家民族历史、弘扬国家民族文化、坚定国家民族自信、强化国家民族认同上的基础性作用？如何展示历史学科在凝聚家国情怀方面，不同于语文学科想象丰富的文学色彩、政治学科抽象深奥的理论色彩的特色和优势？我们用见证新中国70年发展历程的老物件，找到学生与老物件之间的情感共鸣点，用史料实证的方式，打通真实而鲜活的过往历史与现实生活的相遇之路，让学生愿意从内心去相信、接近和接纳历史中蕴藏的宝贵精神和品质，避免了虚构的文学中对情感的质疑和抽象的理论中对情感的疏离。"新中国·老物件"带领学生走进那些他们的祖辈、父辈经历过，且依然鲜活的时代场景，感受奋斗、努力、喜悦或是痛苦的人生故事，触碰那些依然可感的人物情状和社会风貌，领会新中国一代代人的精神情怀。

从2019年2月新学期教师回校的第一天起到10月，在文三路188号杭州学军中学行政楼三楼的历史教研组办公室里，我们陆续发出了家庭老物件征集令、班级评比令、校园展览令、杭州西湖博物馆展览令、杭州西湖博物馆志愿者令、"我和老物件"征文令、"我和老物件"演讲比赛令,凝聚起家庭、学校和社会的力量,实现了一场真正意义上的历史学科课程教学的重大变革。教学空间,从单一的校园课堂教学走向校园内的课堂外拓展性活动、校园外的社会实践性活动,将传统的平面课堂拓展为立体的、综合性的、社会化的大课堂,学生从学习课本上的知识,到走向真实的生活,发现历史;教学时间,不再仅仅局限于学期内的教学规定时限,延伸到课余时间和各类假期之中;教学内容,不囿于教材内容,围绕主题延伸拓展;教与学的方式,突出实践活动的操作性、实践性和运用性,与课堂教学互助互进;教学评价,放弃传统纸笔测试的考量方式,关注过程,兼顾结果,突出研学主题的价值意义。

时任浙江省委副书记、省长、省政府党组书记袁家军对"新中国·老物件"活动的参观指导让师生们备受鼓舞,老物件在杭州西湖博物馆的展出让学生备感兴奋和骄傲。活动得到了《人民日报》《浙江日报》、新华网、凤凰网、浙江卫视等20多家媒体和社会各界人士的热情关注和支持。《中学历史教学参考》2019年第11期专题刊登了学军中学师生的7篇文章。外界对老物件意义的认同就是对家庭亲人在社会主义建设中所做贡献的肯定,这些牵动内心、饱含爱心的反馈激励了学生持续参与活动的热情;活动分层进阶、持续深入挖掘老物件意义,就是对活动主题价值的不断强化和升华;学生对活动的态度从被组织参加到主动发掘参与,就是对活动主题价值理解认同的行为表现。

整个活动时间长达8个多月,涉及学校、家长、杭州西湖博物馆等方方面面,应当感谢的人士恐怕列出长名单也难顾全,在此致以谢意和歉意。杭州学军中学西溪校区历史教研组的每一个老师,都是整个活动的策划者、设计者、参与者;学校的陈萍校长、杨凯锋副校长有力的支持促成了活动的深入和影响力的扩大；西溪校区2017级和2018级的学生和家长为活动提供了蕴涵家风国运的老物件；杭州西湖博物馆潘沧桑馆长以其强烈的社会责任感推动了活动的深化，也为本书得以出版提供了坚实保障。

本书的图片由杨熙铭和钟徐楼芳老师整理，学生征文和媒体报道等由我和杨苑老师整理。我们付出了大量的精力和努力，但由于缺乏经验，更期待读者朋友的批判指正。

凡是过往，皆为序章。活动总会结束，但价值意义不会收场。

金丽君

2020年1月4日